Bauwelt Fundamente 44

Herausgegeben von Ulrich Conrads
unter Mitarbeit von Peter Neitzke

Beirat:
Gerd Albers
Hansmartin Bruckmann
Lucius Burckhardt
Gerhard Fehl
Herbert Hübner
Julius Posener
Thomas Sieverts

Information
über Gestalt

Textbuch
für Architekten
und andere Leute

Herausgegeben von
Martina Schneider

Friedr. Vieweg & Sohn   Braunschweig/Wiesbaden

1. Auflage 1974
2. Auflage 1986

Alle Rechte vorbehalten
© Friedr. Vieweg & Sohn Verlagsgesellschaft mbH, Braunschweig 1986
Umschlagentwurf: Helmut Lortz, unter Verwendung von Strukturzeichnungen
für Stadtbildanalyse (Johannes Uhl), Rückseite: Aus einer italienischen
Wettbewerbsarbeit, veröffentlicht in: »Controspazio«, 3/1973
Druck und buchbinderische Verarbeitung: Lengericher Handelsdruckerei, Lengerich
Printed in Germany

ISBN 3-528-08644-0   ISSN 0522-5094

Inhalt

Einführung

1. Schwierigkeit: Textbuch für Architekten

Architekten, wenn sie zeichnen, lesen wenig. Sie erfahren ihre Schwierigkeiten beim Zeichnen und lösen sie dort. Ihre Anregungen beziehen sie aus anderen Zeichnungen, ihren Vergleich aus anderen Bauten, ihre Methode aus dem Tun. Ordnungsregeln und Repertoire kommen, da die architektonische Wirkung zuallererst als visuelle erfahren wird, auch wieder aus der sichtbaren Welt. Wozu nun Texte für Architekten, die beim Essen ihre Erzählungen auf die Serviette kritzeln?

Es gibt auch Architekten, die nicht zeichnen. Sie brauchen dieses Textbuch nicht; denn sie wissen das meiste ohnehin.

So bleibt die Schwierigkeit, darzutun, wie man Texte zusammentragen konnte als Hommage für diejenigen, die der Texte nicht bedürfen.

2. Einschränkung

Die Schwierigkeit ist da, doch wir können sie einschränken. Wir schränken sie ein um all jene Fälle, in denen der Architekt auf Wörter, auf Texte, auf Erklärungen im Medium Sprache angewiesen ist. Das ist er immer, wenn er nicht über das Medium Zeichnung oder das Medium Architektur wirksam werden kann. Zeichnungen verstehen nur Zeichner, doch Bauten sollten, im Ansehen und in der Nutzung, von allen verstanden werden. Ihnen kann kein Text mehr helfen.

In zwei Fällen aber geht es für den Architekten nicht ohne Wörter. Er braucht sie *erstens*, wenn er lehrt; denn dann muß er sich denen verständlich machen, die noch nicht so gut zeichnen können, die die Zeichnung als selbstverständliches Instrument für Kommunikation noch nicht benutzen können, die mit Fragen kommen, die in Worte gefaßt sind, denen Worte helfen müssen, die Fragen an die Zeichnung heranzubringen.

Das heißt aber nichts weniger, als daß die Lehre den gesamten Zeichen-Schatz nicht nur in der Beschreibung einführen, sondern diesem einen Wortschatz an Bedeutungen zuordnen muß. Denn die Studenten fragen zu Recht nach den Bedeutungen, sie wollen die zeichnerischen Muster nicht üben als Vokabelsammlung, gebaute Räume nicht nur besuchen und sich ihrer erinnern, sondern die bedeutungsvolle Anwendbarkeit des gesammelten Repertoires erklärt wissen. Bedeutungsvolle Anwendbarkeit versetzt das reale Programm in einen imaginären Modus, zerlegt den Prozeß der Gestaltung in Schichten, deren jede zu beschreiben ist, auch jene, die sich im Namen der Intuition *scheinbar* der Beschreibung entziehen. Der Architekt, der lehrt, wird zum Übersetzer seiner Zeichen, er beschreibt ihren Zweck und erklärt ihren Weg, unzureichend allerdings; denn es gibt viele Wörter für ein Zeichen, und es gibt viele Zeichen für einen Begriff. Seine Befangenheit in der Sprache ist nur ein Ausdruck dieses nie zu begleichenden Zustands von Verschränkungen.

Zweitens gibt es die Architekturkritiker. Auch sie schreiben: erklären, umschreiben, dekorieren, verletzen Bauten durch Wörter. Auch die Beziehung zwischen dem Architekten und seinem Kritiker gestaltet sich in Wörtern, wobei wieder der Architekt seine zeichnerische Sprache in die der Wörter übersetzen muß für einen, der die Zeichensprache nicht beherrscht, der aber in der Wörtersprache Experte ist, den die zeichnerischen Zeichen nicht bewegen, der nur die gebauten Zeichen deuten und beschreiben will.

3. Umwege

Literaten erwarten, daß ihr Kritiker ebenfalls Literat sei, mit anderen Worten, ein Experte des Wortes wie sie. Bei der Architektur wäre die gleiche Forderung gedanklich korrekt, real ohne Sinn. Sonst müßten Architekturkritiken gezeichnet sein, allenfalls ein poème visuel hätte Annäherungswert.

Dieses Buch geht einen Umweg. Ursprünglich war sein Sinn, theoretische Texte zur Methode architektonischer Komposition zu sammeln, um den Architekten in ihren beiden Sprachsituationen – der der Lehre und der der Auseinandersetzung mit der Kritik – Argumente, Vokabeln, Wörter in die Hand zu geben. Es sollten Aufsätze gesammelt werden, die auf der sprachlichen Ebene die zeichnerische Gestaltung als Entwurfsmethode bestätigen konnten.

Doch diese Bestätigung, so ergab es sich bei der Sammlung, konnte kaum aus den Aufsätzen über bauliche Gestaltung direkt kommen. Diese sind fast immer zu nahe am Handwerk, zu wenig abgesichert durch andere Wissenschaften, die nicht argumentieren müssen, zu wenig abgesichert durch sprachliche Form, die überzeugt.

So machte sich die Präsentation dieses Buches den Umweg zum Prinzip: Die meisten der Texte für Architekten kommen anderswoher, sie sind geliehen aus einigen Wissenschaften, aus anderen Künsten.

In der Literatur gibt es dies zu allen Zeiten: die Beschreibung der literarischen Methode durch einen Literaten, einen Experten der Wortgestaltung, der, ohne sein Medium wechseln zu müssen, in Worten den Umgang mit Worten beschreibt. Das Repertoire, mit dem der Literat gestaltet, sind Wörter, doch der Prozeß, den er beschreibt, ist allgemeiner, vergleichbar, übertragbar. So enthält die Philosophie der Komposition von E. A. Poe in Teil I, obwohl einem Raben gewidmet, alle zur Analyse und zur Beschreibung von Gestaltungsprozessen, auch eines architektonischen, notwendigen Schritte und Kategorien. So gelingt es Paul Valéry aus der eigenen Erfahrung mit Worten, die Erfahrung eines Leonardo in der Beschreibung zu rekonstruieren. So kann die »Umwandlung der Sätze«, ein Abschnitt aus der Technik des Romans von Michel Butor, um der Methode willen, mit Begriffen aus der architektonischen Syntax aufgefüllt werden.

Gestaltung richtet sich aus auf Anschauung und Wirkung des künstlerischen Gegenstands. Gesetze der Wirkung erfragen Kunstkritik und Psychologie gleichermaßen: Karl Bühler kommentiert Adolf Hildebrand (Teil II). Größenordnung und Maßstäblichkeit werden beansprucht als Schichten der Wirkung und als Konstituenten von Bedeutung (Teil III).

Teil IV und V gehen den Umweg über die wissenschaftliche Theorie. Teil IV legt den Begriff von der Gestalt noch einmal breit aus und referiert, in aller Kürze, wichtige Definitionen. Die Theorie der Gestalt ist abgeleitet aus der sinnlichen Erfahrung: Christian von Ehrenfels gewinnt seine Gestaltkategorie aus der Überlegung: was ist eine Melodie, was ist sie über die Summe einzelner Töne hinaus; Konrad Lorenz erfährt und beschreibt Gestaltwahrnehmung an seinen Beobachtungen tierischen Verhaltens; er definiert eine Kategorie von Erkenntnis aus der Anschaulichkeit des Experiments. Gestaltwahrnehmung bezeichnet das Auffinden und Wiedererkennen von Anordnungen und Gesetzlichkeiten in Zusammenhängen, die in der Wirklichkeit gegeben sind, und damit verbunden die schnelle Deutung dieser Zusammenhänge. Gestalt, als sichtbare Form, bezeichnet die Realisation oder Abbildung von miteinander verflochtenen Teilen, die, einander ungleich, durch den Zusammenhang, in dem sie erscheinen, eine gemeinsame Beanspruchung eingehen. Die sichtbare Welt liefert solche Gestalten mannigfaltig, dank ihrer orientieren wir uns leichter, transponieren Erkenntnisse von Medium zu Medium. Voraussetzung für den Entwurf von Gestalt ist, daß die Beschaffenheit der Teile (ihre Auswahl) eine gemeinsame Beanspruchung ermöglicht, in einem Gefüge, in einem Bild. Eine Gestaltrealisation, in der unterschiedlichste Teile durch Überlagerung gleicher Eigenschaften oder Beanspruchungen kompliziert verflochten werden, ist Architektur.

Die Beiträge zur Informationsästhetik und Semiotik von Max Bense und Elisabeth Walther, die den Teil V bestimmen, definieren keine kontradiktorische Position zur Gestalttheorie, wie es der Begriff Information, als Vorstellung vom Umgang mit Elementiertem im Gegensatz zur zusammengesetzten Gestalt, nahelegen könnte. Die Theorie der Zeichen ist der analytische Weg in das Phänomen der Verflechtung hinein, sie liefert uns Begriffe und Operationen, die eine Beschreibung von Verflechtung möglich machen, indem sie darlegt, wie und auf welche Weise ein Satz, eine Vorstellung, ein Kunstwerk, eine Architektur Zeichen für ein anderes, Sichtbares oder nicht Sichtbares, Sagbares oder Unsagbares, Reales oder Imaginäres sein kann.

Die Beiträge zur soziologischen Ästhetik, zur sozialgeschichtlichen Gestaltfindung am Ende des Buches beschreiben verschränkte Zeichensetzungen. Gesellschaftsform bildet sich ab als Sprachform, bildet sich ab als Organisationsform, bildet sich ab als Architekturform – Sprachform, Organisationsform, Architekturform bilden sich ab als Gesellschaftsform.

3. Aufbau, Marginalien, breiter Rand

Die Umwege für Architekten sind die Wege für die anderen Leute, die der Titel sucht.

Er kaufe sich mit Bedacht Bücher mit breitem Rand, schreibt Edgar Allan Poe zur Einführung seiner Marginalien, und er nennt vier besondere Gründe für das Notieren am Rand: erstens, die Bequemlichkeit des Sofortnotierens, zweitens, die schöne Zwecklosigkeit solcher Notizen, drittens, die besondere Knappheit der Formulierungen, die durch die Enge des Raums ins Orakelhafte gepreßt werden, viertens, das kunterbunte Durcheinander von besprochenen Gegenständen, worin die Gegenstände und ihre Urteile mehrdeutig erscheinen.

Dies Buch ist als ein Buch mit breitem Rand konzipiert. Die Marginalien sind als Signal für den Umweg gesetzt. Sie suchen in der Form die wissenschaftliche Ungebundenheit von Notizen, in ihrem Inhalt eine Verbindung der verschiedenen Aufsätze untereinander und mit dem Gegenstand Architektur.

Die Marginalien nehmen auf:

Zitate, Anmerkungen des Herausgebers, zeichnerische Erklärungen, einen Beitrag, der einen anderen Beitrag kommentiert, Einschübe von Zitaten des gleichen Autors in seinen eigenen Text, ein Gedicht, das Gegenstand einer beschriebenen Kompositionsmethode ist.

Ein Gedanke steckt darüber hinaus noch in der Form der Marginalien: Vollständig beschreiben läßt sich der Vorgang der architektonischen Komposition – das wird uns deutlicher, je näher wir sie bestimmen – mit Worten nicht. Die Texte, die als Umwege eingebracht wurden, lassen sich auch nicht addieren. Ihre Aussage bildet sich als Interferenz in der Anordnung des Zueinander. Die Marginalien sollen die Maschen der Überlagerung noch enger zusammenziehen. So wird der Vorgang der Gestaltung, der aus den schillernden Bereichen der Begabung, der Intuition, des wundersamen Einfalls herausgehoben wurde durch Theorie und Erfahrung, mit dem Bild der Interferenz gestalthaft wieder in diesen Bereich zurückverlegt. Die Typographie der Marginalien mag dem Architekten, an den das Buch gerichtet ist, das Lesen, das er nicht mag, durch die visuelle Anordnung der Texte erleichtern.

März 1974   *Martina Schneider*

Teil I

Die Freuden der Komposition

Vorbemerkung

»Wen nie – sei es auch nur im Traum! – ein Unternehmen gepackt hat, das er mit völliger Freiheit auch wieder fahrenlassen kann, wer sich nie an das Abenteuer einer Konstruktion gewagt hat, die schon abgeschlossen ist, wenn die anderen sie erst beginnen sehen, und wer nicht die das eigene Selbst entflammende Begeisterung eine einzige Minute gekostet hat, das Gift der Empfängnis, die Skrupel, die Kälte innerer Einwände und jene wechselseitige Ablösung von Gedanken, bei der immer der stärkste und umfassendste auch über die Gewohnheit, ja sogar über die Neuartigkeit siegen muß . . . – der kennt auch nicht, wie immer es sonst um sein Wissen bestellt sein mag, den Reichtum und die Ergiebigkeit und die geistige Spannweite, die der Tatbestand des Konstruierens erhellt.«

Paul Valéry, aus dessen Text Zitat und Titel für dieses Kapitel genommen sind, setzt Konstruieren an Stelle von Komposition, er setzt die Tätigkeit an die Stelle der Methode; er verlegt das Assoziationsfeld aus dem Bereich der Musik in den Bereich der Architektur; er bindet Leidenschaft und Strenge der Komposition in eins: in die Freuden der Konstruktion.

Konstruieren hat im deutschen Sprachgebrauch kühlen Klang. Dem Instrumentarium der Vernunft zugeordnet, wird es von der Vorstellung mit dem Vermögen der Vernunft ausgestattet: Strukturieren, Ordnen, in Verhältnis setzen. In der Architektur erhält es eine weiter eingeschränkte Bedeutung und bezeichnet die Anordnung der tragenden Teile. Doch die Wortenge trügt, im Vorgang des Konstruierens, selbst in seiner eingeschränkten Anwendung auf die Architektur steckt Leidenschaft: Nervi war Konstrukteur. Valéry beschreibt seinen Leonardo als einen Leidenschaftlichen der Vernunft, und er gewinnt sein Leonardo-Bild wiederum als ein konstruiertes: aus Elementen der sich verlierenden Hingabe und Elementen der unerbittlichen Strenge entwirft er »die Möglichkeiten eines Leonardo«.

Denn das Ergebnis des Konstruierens ist nie eine Lösung. Konstruieren legt die Möglichkeit vieler Lösungen aus, setzt einen Rahmen für viele Erlebnisse, sammelt Stoff für mehrfache Interpretation. Diese eine Interpretation, die der Autor in dem Werk, das er dem Publikum vorlegt, ausführt, ist nur ein Beispiel für die vielen. So ist das abstandwahrende Kalkül einer Wirkung, das Edgar Allan Poe als Methode der Komposition beschreibt, indem er zeigt, wie die Fallen ausgelegt werden, in denen die Phantasie des Lesers sich vielfältig verfangen soll, schönste Gelegenheit für den Autor selbst, sich seiner eigenen, absichtsvoll gewirkten Konstruktion lustvoll hinzugeben und dreimal pro Strophe dem melancholischen Klang eines *nevermore* nachzuhängen.

Die gebaute Architektur, auf der Suche nach ihrem Empfänger, kann immer nur eine Variante aus den vielen Spielarten des gestalterisch Möglichen in das Material aufnehmen; die Nutzung kann sie vollenden und verändern. So wohnen Architekten nur ungern in ihren eigenen Häusern, weil sie die Vorstellung all der Varianten, die sie nicht gebaut haben, unaufhörlich mit dieser einen, gebauten, vergleichen. Ihre Vorstellung betrachtet die Entscheidung zum Bau als noch nicht getroffen.

1. Philosophie der Komposition

Edgar Allan Poe (1841)

In einer vor mir liegenden Notiz, die ich gelegentlich einer Analyse der Struktur des Dickensschen ›Barnaby Rudge‹ erhielt, sagt der Autor: »Nebenbei gesagt, wissen Sie, daß Godwin seinen ›Caleb Williams‹ rückwärts geschrieben hat? Er hat damit angefangen, seinen Helden in ein ganzes Netz von Schwierigkeiten, die den Stoff des zweiten Bandes bilden, zu verstricken, und dann erst begonnen, im ersten Bande die Möglichkeiten zu ersinnen, die diese geschaffen hatten und alles, was geschehen, rechtfertigten.«
Ich kann nun nicht glauben, daß dies genau die Methode ist, nach der Godwin gearbeitet hat, auch stimmen seine eigenen Äußerungen über sein Schaffen nicht völlig mit der Ansicht Charles Dickens' überein; wenn auch anderseits der Autor von ›Caleb Williams‹ ein viel zu guter Künstler war, um den Nutzen zu verkennen, den ein solches Vorgehen bringen kann. Denn nichts ist klarer, als daß jeder Konflikt, der dieses Namens würdig sein will, bis zu seiner Lösung auf das feinste ausgearbeitet sein muß, ehe man die Feder in die Hand nimmt. Nur wenn man den Gedanken an diese Lösung nicht einen Moment aus den Augen läßt, wird der ganze Plan des Werkes logisch, werden seine Einzelheiten mit Notwendigkeit auseinander resultierend erscheinen, da dann alle, auch die kleinsten Umstände, und besonders der allgemeine Ton auf die Entwicklung der Absicht hinweisen.

Für Lösung verwendet Edgar Allan Poe das zeithältige französische Wort: dénouement – entwirren, entknoten, langsam aufdecken, ausbreiten vor unseren Augen

Ich bin auf jeden Fall der Meinung: die heute allgemein gebräuchliche Methode, eine Erzählung aufzubauen, ist eine radikale Verirrung. Zuweilen muß die Weltgeschichte einen Stoff bieten; zuweilen fühlt sich der Autor durch irgendein Ereignis des Tages angeregt – oder bestenfalls stellt er selbsterfundene überraschende Begebenheiten zusammen, die nun die Basis seiner Erzählung bilden sollen, deren Risse und

Spalten, wie sie sich ihm gelegentlich bieten, er mit Beschreibungen, Dialogen und persönlichen Meinungen über alle möglichen und unmöglichen Dinge füllen will.

Ich dagegen, ich beginne immer mit der Wahl einer Wirkung und richte mein ganzes Augenmerk auf die Originalität derselben. Ich frage mich zuerst: Welche von den zahllosen Wirkungen oder Eindrücken, für welche das Herz, der Verstand oder, allgemeiner, die Seele empfänglich ist, soll ich dieses Mal nehmen?

Habe ich mich dann für eine bestimmte Wirkung entschieden, so frage ich mich weiter, wie diese am besten durch die Ereignisse und den Ton der Erzählung hervorgebracht werden kann – ob durch gewöhnliche Ereignisse und besonderen Ton oder umgekehrt, oder durch besondere Ereignisse und besonderen Ton – und dann spähe ich um mich oder vielmehr in mich und suche die Verbindung der Ereignisse und des Tons, die mir am geeignetsten zur Hervorbringung der beabsichtigten Wirkung erscheint.

Oft habe ich mir vorgestellt, wie interessant ein Aufsatz sein müßte, in dem ein Autor uns Schritt für Schritt mit der Art und Weise bekannt macht, auf die eins seiner Werke entstanden und bis zur Vollendung ausgearbeitet worden ist. Ich kann mir gar nicht erklären, wie es gekommen, daß man nie dergleichen geschrieben – vielleicht ist die Eitelkeit der Autoren hieran mehr schuld als irgendein anderer Grund.

Den meisten Autoren, und ganz besonders den Dichtern, ist es angenehmer, wenn man von ihnen glaubt, sie arbeiteten in einer Art schönen Wahnsinns – in extatischer Intuition – und sie schaudern bei dem Gedanken, das Publikum einen Blick auf die Szene ihres Schaffens tun zu lassen, auf das arbeitsvolle Ausfeilen des Gedankens, auf die Ideen, die sich oft tausendmal als Blitz vorüberhuschend zeigen und nicht als volles Licht verweilen wollen, auf die vielen wohlausgereiften Gedanken, die voll Verzweiflung als unverwendbar beiseite geworfen werden müssen, auf dies ewige, unendlich vorsichtige Wählen und Aussondern – kurz, auf die Räder und Riemen, die Leitern und Falltreppen, die Vorrichtungen zum Kulissenschieben und all die tausend Dinge, die der Autor bei der Arbeit nötig hat.

Komposition,
das sei der Vorgang,
die richtige Idee,
zur Absicht mit einer
bestimmten Wirkungsweise
erklärt, mit angemessenen
Mitteln in
Gedichtaufbau
Größenordnung
Gegenstand
Bedeutung
Versmaß
Syntax
Ton
zu realisieren
und diesen Weg,
voraus und zurück, bewußt,
unter Rechenschaft,
zurückzulegen.
Poe notiert den
Entstehungsweg für den
Raben, als entwickele er
das Gedicht Schritt für
Schritt allmählich einer
Wirkung entgegen, die sich
aussprechen, ja als eine
Größe kalkulieren läßt

Ich weiß anderseits auch, daß es durchaus nicht oft vorkommt, daß ein Autor in der Lage ist, den Weg, auf dem er zur Auflösung seines Werkes gekommen, überhaupt wieder nachzeichnen zu können. Die Ideen, die pêle-mêle entstanden sind, werden meistens auch wieder so vergessen.

Ich persönlich teile die Auffassung der Autoren, von der ich eben sprach, nicht, auch macht es mir nicht die geringste Schwierigkeit, mich an den Entstehungsgang all meiner Sachen zu erinnern. Und da das Interessante an solch einer Analyse oder Rekonstruktion, die ich, wie angedeutet, geradezu für ein Desideratum in der Literatur halte, ganz unabhängig von etwa vorhandenem oder nicht vorhandenem Interesse für den analysierten Gegenstand ist, wird man mir nicht Mangel an Geschmack vorwerfen können, wenn ich den Modus operandi zeige, mittels dessen ich eins meiner eigenen Werke verfaßt habe. Ich wähle den ›Raben‹. Und es ist nun meine Absicht, darzutun, daß nichts in diesem Gedichte dem Zufall oder der Intuition zuzuschreiben ist und daß das Werk mit der Genauigkeit und starren Logik eines mathematischen Problems Schritt für Schritt entstand.

Den Umstand oder, wenn Sie wollen, die Notwendigkeit, die mich auf den Gedanken brachte, ein Gedicht zu schreiben, das sowohl dem allgemeinen wie dem kritischen Geschmack Genüge tat, brauche ich, da sie keine direkte Beziehung zu dem Gedicht an sich hat, nicht näher zu erwähnen.

Die Analyse kann also bei meiner Absicht selbst beginnen.

Die eigentlich erste Frage war dann die nach der Größe. Wenn ein literarisches Werk zu lang ist, um auf einmal ganz gelesen zu werden, müssen wir von vornherein auf die außerordentlich große Wirkung eines einheitlichen, unzerteilten Eindruckes verzichten. Wenn man ein Werk nicht auf einmal auslesen kann, lenken uns die Geschäfte des Tages von ihm ab, und wir können es in seiner Ganzheit als Ganzes überhaupt nicht genießen. Da jedoch, ceteris partibus, kein Dichter sich einen Umstand, den er seinen Absichten dienstbar machen könnte, entgehen lassen darf, bleibt uns nur übrig zu fragen, ob ihm die größere Länge eines Gedichtes überhaupt irgendeinen

Rabenkalkül

Absicht:
eine Wirkung, die größtmöglich, allgemein und augenblicklich sei

Strukturelle Vorgabe:
ein Gedicht

1. Bedingung:
Einheit des Ausdrucks
Entsprechung:
Lesen in einem Zug

1. Entscheidung
Länge 100 Verse

Art der Wirkung:
Erregung der Seele
Entsprechung im Gegenstand:
Betrachtung von Schönheit
Steigerung der Wirkung:
Schönheit in Verbindung mit Trauer (Melancholie)

2. Entscheidung
Gegenstand: Tod einer schönen Frau

Entsprechung der Form:
variierte Wiederholung
Steigerung der Wirkung:
variierte Wiederholung
durch Beanspruchung
desselben Worts in
verschiedener Bedeutung

3. Entscheidung
Refrain aus einem Wort

Überlagerung der
Entscheidungen
Wirkung:
Erregung der Seele
Gegenstand:
Tod einer schönen Frau
Bedeutung:
Melancholie
Form:
variierte Wiederholung
Modus:
Steigerung
(Mehrdeutigkeit)
Ton: sonor, schwer, o, r

Zwischenergebnis:
nevermore

*Einschränkung –
Modifikation:*
wörtliche Rede
(nicht menschliches Wesen)

Ergebnis: Rabe

Das Gedicht *Der Rabe,*
das Edgar Allan Poe 1844
vollendet hat, ist zwischen
Januar und März 1845
allein in sechs New Yorker
Zeitungen und Zeit-
schriften abgedruckt
und besprochen worden.

Vorteil zu bieten vermag, der den aus ihr resultierenden Verlust des obenerwähnten einheitlichen, ganzen Eindrucks wieder wettmachen könnte. Ich behaupte: nein. Was wir ein langes Gedicht nennen, ist in Wahrheit nur eine Folge kurzer Gedichte, das heißt: kurzer poetischer Wirkungen. Es ist unnütz zu sagen, daß ein gutes Gedicht nur dann ein solches ist, wenn es unsere Seele intensiv erregt, das heißt erhebt. Notwendigerweise sind jedoch alle tiefen psychischen Erregungen kurz. Aus diesem Grunde ist wenigstens die Hälfte des ›Verlorenen Paradieses‹ Prosa – eine Folge poetischer Erregungen nämlich, denen unausbleiblicherweise eindruckslose Strecken folgen, da das Werk seiner außerordentlichen Länge halber die so wichtige Forderung: Ganzheit oder Einheit der Wirkung nicht erfüllen kann.

Es ist also klar, daß es in bezug auf die Länge eines literarischen Werkes eine deutlich bestimmbare Grenze gibt – es darf nur so lang sein, daß man es, ohne aufzustehen, zu Ende lesen kann, und obgleich eine gewisse Klasse von Prosawerken wie ›Robinson Crusoe‹ (die keine Einheit des Eindrucks verlangen) gerade aus ihrer Länge einen Vorteil ziehen, so ist bei einem Gedicht die obenerwähnte Grenze nie, ohne daß es Schaden nimmt, zu überschreiten. Innerhalb dieser Grenze nun muß die Länge des Gedichtes in genauem mathematischem Verhältnis zu seiner Güte stehen – das heißt zu dem Grade der Erregung oder Erhebung, die es hervorbringt – oder in anderen Worten zu dem Grad wahrer poetischer Wirkung, die es hervorzubringen imstande ist; denn es ist klar, daß die Kürze in direkter Beziehung zu der Intensität des beabsichtigten Effektes steht: ein gewisser Grad von Dauer ist selbstverständlich nötig, um einen gleich hohen Grad von Wirkung hervorbringen zu können.

Nachdem ich mir dies alles klargemacht hatte und auch über die Art der Erregung, die nicht über dem allgemeinen und nicht unter dem kritischen Geschmack sein sollte, mit mir übereingekommen war, nahm ich etwa hundert Verse als die richtige Länge für mein Gedicht an – es sind in der Tat hundertundacht geworden.

Mein zweiter Gedanke war sodann die Wahl eines Eindruckes; ich ließ während der ganzen Arbeit keinen

Moment meine Absicht aus den Augen, das Werk allgemein verständlich zu machen.

Es würde mich natürlich zu weit von meinem Thema entfernen, wollte ich eine Ansicht, die ich schon verschiedentlich behauptet, hier beweisen, nämlich die, daß das Schöne das einzig rechtmäßige Gebiet der Poesie sei. Ich will diese meine richtige Ansicht, die einige meiner Freunde zu mißkreditieren sich bemüßigt gefühlt haben, hier nur mit ein paar Worten erläutern. Ich glaube, der intensivste, erhabenste und reinste Genuß ist der, den uns die Betrachtung der Schönheit gewährt. Wenn die Menschen von Schönheit reden, so meinen sie, genaugenommen, auch nicht eine Eigenschaft, sondern eine Wirkung: die intensive und reine Erhebung der Seele nämlich – nicht des Verstandes oder des Herzens –, die ich eben beschrieben habe und die die Folge der Betrachtung des Schönen ist. Ich bezeichne also die Schönheit als das Gebiet der Poesie, weil es eine offenbare Regel der Kunst ist, daß die Wirkungen aus den direkten Ursachen entstehen, daß man ein Ding durch die Mittel, die dazu am besten geeignet sind, erreichen soll – und noch niemand ist bis jetzt dumm genug gewesen zu leugnen, daß die fragliche besondere Erregung am leichtesten durch die Poesie bewirkt wird. Das Ding Wahrheit oder die Befriedigung des Verstandes und das Ding Leidenschaft oder die Erregung des Herzens, sind, obgleich sie bis zu einem gewissen Grade auch durch die Poesie bewirkt werden können, durch Prosa jedoch weit leichter zu ermöglichen. Die Wahrheit verlangt eine Präzision und die Leidenschaft eine Vertraulichkeit (die wahrhaft leidenschaftlichen Menschen werden verstehen, wie ich dies Wort hier meine), die jener Schönheit durchaus entgegengesetzt sind, deren Wesen, wie ich behaupte, die Erregung und köstliche Erhebung der Seele ist. Aus dem hier Gesagten soll jedoch nicht folgen, daß die Leidenschaft oder selbst die Wahrheit nicht auch Inhalt eines Gedichtes sein könne – sie dienen oft mit Glück zur Erläuterung oder steigern die allgemeine Wirkung, wie es die Dissonanzen in der Musik, durch den Kontrast, tun – doch wird der wahre Künstler sich immer bemühen, sie seiner beabsichtigten Wirkung dienstbar zu machen und sie so dicht wie möglich in jene Schönheit zu

Es gab eine ganze Literatur von Kommentaren dazu, zu einzelnen Zeilen, einzelnen Bildern, von Poe immer wieder als Aufforderung angenommen, seine beabsichtigte Wirkung an der gewählten Form zu messen.

In einem der Verse wird der Fußfall der Seraphine von einem Läuten begleitet. Ein Leser fragte an, ob denn die Engel Glocken an den Füßen trügen.

Die Antwort Poes:

»... Ihr Einwand gegen das Klingeln des Fußfalls ... drängte sich mir selbst während des Entstehens so stark auf, daß ich zögerte, den Ausdruck zu gebrauchen. Ich benutzte ihn dann schließlich doch, weil ich sah, daß er sich mir ursprünglich wegen der übernatürlichen Bedeutung eingestellt hatte, mit der er in dem Augenblick gefüllt war. Auf einem weichen Teppich würde kein menschlicher oder körperhafter Fuß klingeln – deshalb würde das Klingeln der Füße lebhaft den Eindruck des Übernatürlichen erwecken.

Das war die Idee, und sie ist in sich gut.

Aber wenn sie nicht meiner Absicht entsprechend, *augenblicklich und allgemein* empfunden wird (wie es wohl tatsächlich der Fall ist), dann habe ich sie schlecht realisiert.«

(Zitiert nach Werke IV, Walter Verlag, hrsg. von Kuno Schuhmann).

verschleiern, die das Sein und Wesen eines Gedichtes ist.

Da ich also die Schönheit als mein Gebiet erkannt hatte, fragte ich mich weiter, in welchem Tone sie sich am vollkommensten äußern könne. Nun hat uns alle Erfahrung gelehrt, daß sie in der Trauer zum gesteigertsten Ausdruck kommt. Schönheit, in welcher Art sie auch immer erscheinen möge, erregt in ihrem erhabensten Stadium die sensitive Seele zu Tränen. Und die Melancholie ist der geeignetste Ton für ein Gedicht.

Nachdem ich mir so über die Länge, das Gebiet und den Ton klargeworden war, suchte ich nach irgendeinem artistischen Reiz, der mir bei dem Aufbau des Gedichtes als Grundton dienen könne oder sozusagen als Angelpunkt, um den sich das alles drehte. Als ich nun sorgfältig alle Kunsteffekte oder vielmehr Mittel zum Effekt erwog, kam mir zum Bewußtsein, daß keines so oft und allgemein angewandt worden als der Refrain. Diese Erkenntnis allein genügte, um mich von seinem außerordentlichen Nutzen zu überzeugen; und das erspare mir die Notwendigkeit, dieselbe zu analysieren. Ich forschte jedoch einmal nach, ob man seine Wirkung nicht steigern oder verbessern könnte, und erkannte bald, daß er sich in einem recht primitiven Stadium befand. Bis jetzt wurde er nur bei lyrischen Gedichten angewendet, und die Kraft seines Eindruckes hing von der Kraft der Monotonie seines Tones und seines Gedankens ab. Der Genuß entsteht allein durch die Wiederholung einer gleichen Sensation. Ich beschloß nun, durch Variierung der Wirkung eine Steigerung zu erzielen, der Monotonie des Tones wollte ich treu bleiben, während ich den Gedanken jedesmal änderte; das heißt: ich versprach mir eine Reihe neuer Wirkungen durch eine Reihe von Verschiedenheiten in der Anwendung des Refrains, der selbst immer der gleiche bleiben sollte.

Nun begann ich darüber nachzudenken, welcher Natur dieser Refrain sein müsse. Da seine Anwendung häufig variiert werden sollte, war es klar, daß der Refrain selbst kurz sein mußte, denn es wäre wahrscheinlich mit unüberwindlichen Schwierigkeiten verknüpft gewesen, einen längeren Satz des öfteren zu variieren. Je kürzer der Kehrreim, desto leichter war natürlich auch seine Anwendung in mehrfach verschiedenem Sinne. Diese Erkenntnis führte mich dazu, ein einziges Wort als besten Refrain zu wählen.

Jetzt fragte sich, welchen Charakter dies Wort haben müsse. Als ich mich für den Refrain entschlossen, hatte ich mich naturgemäß zugleich für eine Einteilung des Gedichtes in Strophen entschieden. Den Schluß jeder Strophe mußte eben der Refrain bilden, und dieser Schluß mußte, um Wirkung zu haben, natürlicherweise schwer und sonor sein und breit, pathetisch gesprochen werden können; am besten, er enthielt den klangvollsten Vokal, den wir haben, das o, in Verbindung mit dem r, dem kräftigsten Konsonanten.

Nachdem ich so auch den Klang des Refrains festgestellt hatte, wurde es nötig, ein Wort zu wählen, das diesen Klang enthielt und zu gleicher Zeit mit der Melancholie, die ich als Ton des ganzen Gedichtes gewählt hatte, in Übereinstimmung stand. Da wäre es denn ganz unmöglich gewesen, das Wort nevermore zu übersehen. In der Tat war es das erste, das mir einfiel.

Nun galt es, einen Vorwand zu der wiederholten Anwendung des Wortes nevermore zu finden. Ich bemerkte bald, daß die Schwierigkeit, einen hinreichenden Grund zu seiner öfteren Wiederholung zu entdecken, hauptsächlich in der Vorstellung begründet lag, daß das Wort von einem menschlichen Wesen ausgesprochen wurde, das heißt: daß es große Hindernisse bot, seine Einförmigkeit mit der Vernunft und den Gedanken der das Wort ausrufenden Person zu vereinigen. Da kam mir plötzlich die Vorstellung eines unvernünftigen und doch des Sprechens fähigen Wesens; natürlicherweise dachte ich zuerst an einen Papageien, doch wählte ich bald einen Raben, der ja auch Worte sprechen kann und im übrigen besser mit dem allgemeinen Tone des Gedichtes harmonisierte.

So kam ich also dazu, einen Raben einzuführen – den Vogel der bösen Vorbedeutungen, der am Ende jeder Strophe in einem etwa hundert Verse großen Gedichte trauervollen Tones das Wort »nevermore« monoton zu wiederholen hatte. Nun fragte ich mich weiter – mein Bestreben nach möglichster Vollkommenheit ließ ich nie aus den Augen: »Welche Vorstellung wird

The Raven

Once upon a midnight
dreary, while I pondered,
weak and weary, Over
many a quaint and curious
volume of forgotten lore—
While I nodded, nearly
napping, suddenly there
came a tapping, As of
some one gently rapping,
rapping at my chamber
door. "'Tis some visitor,"
I muttered, "tapping at
my chamber door—
Only this and
nothing more."

Ah, distinctly I remember
it was in the bleak De-
cember, And each separate
dying ember wrought its
ghost upon the floor.
Eagerly I wished the
morrow;—vainly I had
sought to borrow From my
books surcease of sorrow—
sorrow for the lost Lenore—
For the rare and radiant
maiden whom the angels
name Lenore—
Nameless here for
evermore.

And the silken sad uncer-
tain rustling of each purple
curtain Thrilled me—
filled me with fantastic
terrors never felt before:
So that now, to still the
beating of my heart, I
stood repeating "'Tis some
visitor entreating entrance
at my chamber door—
Some late visitor entreating
entrance at my chamber
door;
This it is and
nothing more."

von der Menschheit im allgemeinen als die trauer-
vollste empfunden?« – »Die des Todes«, war die sichere
Antwort. »Und wann«, forschte ich weiter, »ist diese
trauervolle Vorstellung zugleich am poetischsten?«
Nach all dem, was ich hier oben schon des längeren er-
örtert habe, fällt die Antwort nicht schwer: »Dann,
wenn sie sich am innigsten mit der Schönheit verbindet. Der Tod einer schönen Frau ist also der poe-
tischste Vorwurf, der überhaupt zu denken ist, und
ebenso unzweifelhaft ist der seines köstlichsten Schat-
zes beraubte Liebende der beste Mittler, uns über
diesen zu reden.«

Nun hatte ich also zwei Ideen zu verbinden: einen
Liebenden, der die verstorbene Geliebte beweint, und
einen Raben, der unaufhörlich das Wort »nevermore«
wiederholt. Dabei durfte ich nicht vergessen, das Wort
jedesmal anders anzuwenden; die einzige Möglichkeit
hierzu bot jedoch bloß der Umstand, daß der Vogel auf
Fragen des Liebenden antworten konnte. Hier sah ich
denn auch bald, welch gute Gelegenheit sich mir bot,
die Wirkung, auf die ich soviel Gewicht legte, auszu-
üben, nämlich den Refrain zu variieren. Ich sah ein,
daß die erste Frage des Liebenden, die erste, auf die
der Rabe »nevermore« antworten sollte, irgendein
Gemeinplatz sein mußte – die zweite mußte etwas
weniger allgemein gehalten sein – die dritte noch weniger und so weiter, bis der Liebende durch den trüben
Sinn des so hartnäckig wiederholten Wortes aus seiner
ursprünglichen Gleichgültigkeit gerissen wird; die un-
heilvolle Bedeutung des schwarzen Vogels kommt ihm
in den Sinn, eine Erregung des Aberglaubens erfaßt
ihn, und immer seltsamere Fragen stellt er – Fragen,
deren Beantwortung sein Herz mit wilder Leidenschaft ersehnt – Fragen, die ihm teils der Aberglaube
und teils jene Verzweiflung eingibt, die sich woll-
lüstig selbst zerfleischt. Fragen, die er nicht stellt, weil
er an das prophetische oder dämonische Wesen des
Vogels glaubt – seine Vernunft sagt ihm, daß das Tier
nur ein eingelerntes Stückchen wiederholt –, sondern
weil es ihm ein grausamer, qualvoller Genuß ist, sie so
zu stellen, daß die Antwort des erwarteten »nevermore«
ihm immer wieder einen neuen Schmerz schlägt, der
ihm um so köstlicher erscheint, je unerträglicher er
wird.

Nachdem ich also, wie erwähnt, eine gute Gelegenheit, den Refrain zu variieren, gefunden, oder vielmehr: nachdem mich der ganze Aufbau meines Gedichtes von selbst zu ihr geführt, forschte ich nach, auf welche Frage des Liebenden das »nevermore« die letzte und stärkste, die schmerz- und entsetzenvollste Antwort sein sollte.

Hier also hat mein Werk seinen Anfang genommen, am Ende – wo alle Kunstwerke begonnen werden sollten; denn nachdem ich mit meinen Betrachtungen bis zu diesem Punkte gediehen, setzte ich die Feder aufs Papier, um folgende Strophe zu schreiben:

»Satansvogel, Ungeheuer – als Prophet mir dennoch teuer!
Bei dem Gott, den wir verehren – sag', beim Himmel,
was mir droht!
Werde ich nach Schmerz und Bangen nicht das Paradies erlangen,
Dort ein Mädchen zu umfangen, fromm, verklärt,
von Licht umloht –
Dort Lenore zu umfangen, engelgleich,
von Licht umloht?«
Sprach der Rabe: »Frag' den Tod!«

Ich schrieb damals diese Strophe, erstens, um den Höhepunkt des Gedichtes vor mir zu haben und um die vorhergehenden Fragen des Liebenden besser variieren und abschätzen zu können, und zweitens, um mir endgültig über Rhythmus, Metrum, Länge und allgemeinen Bau der Strophen klarzuwerden und die vorhergehenden so abwägen zu können, daß diese hier von keiner der voraufgehenden in ihrer rhythmischen Wirkung übertroffen werde. Hätte ich während der nun folgenden Arbeit kraftvollere Strophen geschrieben, so würde ich sie ohne Skrupel absichtlich abgeschwächt haben, damit sie der Wirkung des Höhepunktes keinen Eintrag täten.

Nun könnte ich einige Worte über die Versifikation sagen. Mein erstes Streben ging hier wie überall nach Originalität. Daß man von dieser bei der Versifikation immer durchaus abgesehen hat, gehört für mich zu den unerklärlichsten Dingen der Welt. Die geringe Möglichkeit, den Rhythmus zu variieren, will ich gern zugeben, doch ist es offenbar, daß die möglichen Varia-

Presently my soul grew stronger; hesitating then no longer, "Sir," said I, "or Madam, truly your forgiveness I implore; But the fact is I was napping, and so gently you came rapping, And so faintly you came tapping, tapping at my chamber door. That I scarce was sure I heard you"—here I opened wide the door;—
Darkness there and nothing more.

Deep into that darkness peering, long I stood there wondering, fearing, Doubting, dreaming dreams no mortals ever dared to dream before; But the silence was unbroken, and the stillness gave no token, And the only word there spoken was the whispered word. "Lenore?" This I whispered, and an echo murmured back the word, "Lenore!" Merely this and nothing more.

Back into the chamber turning, all my soul within me burning, Soon again I heard a tapping something louder than before. "Surely," said I, "surely that is something at my window lattice; Let me see, then, what thereat is and this mystery explore— Let my heart be still a moment and this mystery explore;—
'Tis the wind and nothing more."

Open here I flung the shutter, when, with many a flirt and flutter, In there stepped a stately Raven of the saintly days of yore. Not the least obeisance made he; not a minute stopped or stayed he; But, with mien of lord or lady, perched above my chamber door—Perched upon a bust of Pallas just above my chamber door—
Perched, and sat, and nothing more.

Then this ebony bird beguiling my sad fancy into smiling, By the grave and stern decorum of the countenance it wore, "Though thy crest be shorn and shaven, thou," I said, "art sure no craven, Ghastly grim and ancient Raven wandering from the Nightly shore—Tell me what thy lordly name is on the Night's Plutonian shore!"
Quoth the Raven, "Nevermore."

Much I marvelled this ungainly fowl to hear discourse so plainly, Though its answer little meaning—little relevancy bore; For we cannot help agreeing that no living human being Ever yet was blessed with seeing bird above his chamber door—Bird or beast upon the sculptured bust above his chamber door,
With such name as "Nevermore."

tionen des Metrums und der Strophe durchaus zahllose sind – und doch hat seit Jahrtausenden kein Mensch daran gedacht oder scheint daran gedacht zu haben, bei der Versifikation irgend etwas Originales zu schaffen. Nun ist aber Originalität (außer vielleicht bei einem Geiste von ganz ungewöhnlicher Kraft) durchaus kein Kind des Instinktes oder der Intuition. Sie muß im allgemeinen durch emsiges Suchen gefunden werden, und obwohl sie einem Menschen als höchstes Verdienst anzurechnen ist, verlangt sie eigentlich weniger Erfindungskraft als das Vermögen, zu negieren.

Ich erhebe selbstverständlich keinerlei Anspruch auf Originalität in bezug auf den Rhythmus oder das Metrum des ›Raben‹. Der erstere ist trochäisch – das letztere besteht aus einem akatalektischen Oktameter, der mit katalektischem Heptameter abwechselt, welcher als Refrain im fünften Verse wiederholt wird, und endet mit einem katalektischen Tetrameter. Weniger pedantisch: Die Versfüße, durchgehende Trochäen, bestehen aus einer langen und einer kurzen Silbe: der erste Vers der Strophe besteht aus acht solchen Füßen, der zweite aus sieben und einem halben; der dritte aus acht; der vierte aus sieben und einem halben; der fünfte ebenfalls aus sieben und einem halben, der sechste aus drei und einem halben. Nun ist natürlich jeder dieser Verse für sich allein schon angewandt worden, und ihre ganze Originalität im Raben besteht darin, daß ich sie in eine Strophe vereinigt habe; denn nichts, was dieser Zusammenstellung auch nur ähnlich sieht, ist bis jetzt versucht worden. Die Wirkung dieser originalen Verbindung wird noch durch einige andere ungebräuchliche und ganz neue Effekte erhöht, die ich aus einer ausgedehnteren Verwendung des Reimes und der Allitteration herleitete.

Nun galt es, den Liebhaber und den Raben miteinander in Verbindung zu bringen, und die erste Frage war nach dem: wo? Anscheinend wäre der natürlichste Ort ein Wald oder eine Ebene draußen gewesen, doch war ich von je der Ansicht, daß nur in einem engen und begrenzten Raume eine einzelne Begebenheit zur Wirkung kommen kann; er hat die Kraft, die der Rahmen einem Bilde gibt, und den unberechenbaren moralischen Nutzen, die Aufmerksamkeit zu konzentrieren, den man nicht mit dem Vorteil, den die einfache Einheit des Ortes gewährt, verwechseln darf.

Ich beschloß also, den Liebenden in sein Zimmer zu versetzen, in sein Zimmer, das durch die Erinnerungen an die, die dort gelebt hat, für ihn geheiligt ist. Dieser Raum ist als sehr reich ausgestattet gedacht, in Übereinstimmung mit meiner These, daß die Schönheit das einzig wirkliche Gebiet der Poesie sei.

Nachdem ich so den Ort festgestellt hatte, mußte ich den Vogel einführen, und der Gedanke, ihn durchs Fenster eintreten zu lassen, lag auf der Hand. Daß ich den Liebenden anfangs glauben ließ, das Flügelschlagen des Tieres gegen den Fensterladen sei ein Klopfen an der Tür, geschah aus dem Wunsche, die Neugierde des Lesers durch das Warten zu steigern und die Nebenwirkung anzubringen, daß der Liebende, wie durch die offene Tür nichts als Finsternis hereinsieht, unbestimmt die phantastische Vorstellung hat, der Geist seiner Geliebten habe an die Tür gepocht.

Ich habe eine stürmische Nacht angenommen, erstens, um zu erklären, daß der verirrte Rabe Einlaß sucht, und zweitens, um den Kontrast mit der äußerlichen Ruhe und Stille des Zimmers zu schaffen.

Ebenfalls um des Kontrastes willen ließ ich den schwarzen Vogel sich auf die weiße Marmorbüste der Pallas setzen – die Büste selbst suggerierte mir der Vogel, und ich wählte gerade die Büste der Pallas, weil ihr Vorhandensein die leichteste Beziehung zu dem Gelehrtentum des Liebenden hat und um des Vollklangs des Wortes »Pallas« willen.

Auch in der Mitte habe ich mich des Kontrastes bedient, um den Eindruck des Gedichtes zu verschärfen. So gab ich dem Eintritt des Raben etwas Phantastisches, ja, soweit es anging, etwas Groteskes. Er kommt herein »gravitätisch und behende«:

Stelzte grußlos, doch behende, gravitätisch durchs Gelände,
Flog, daß einen Sitz er fände, auf die Tür, die Zuflucht bot
Dahin, wo die Pallasbüste auf der Tür ihm
Zuflucht bot –

In den beiden folgenden Strophen wird meine Absicht, ihn drollig wirken zu lassen, noch deutlicher:

But the Raven, sitting lonely on that placid bust, spoke only That one word, as if his soul in that one word he did outpour. Nothing farther then he uttered; not a feather then he fluttered—Till I scarcely more than muttered "Other friends have flown before—On the morrow he will leave me, as my Hopes have flown before." Then the bird said "Nevermore."

Startled at the stillness broken by reply so aptly spoken, "Doubtless," said I, "what it utters is its only stock and store Caught from some unhappy master whom unmerciful Disaster Followed fast and followed faster till his songs one burden bore—Till the dirges of his Hope that melancholy burden bore Of 'Never—nevermore.'"

But the Raven still beguiling all my sad soul into smiling, Straight I wheeled a cushioned seat in front of bird and bust and door; Then, upon the velvet sinking, I betook myself to linking Fancy unto fancy, thinking what this ominous bird of yore—What this grim, ungainly, ghastly, gaunt, and ominous bird of yore Meant in croaking "Nevermore."

This I sat engaged in guessing, but no syllable expressing To the fowl whose fiery eyes now burned into my bosom's core; This and more I sat divining, with my head at ease reclining On the cushion's velvet lining that the lamp-light gloated o'er, But whose velvet violet lining with the lamp-light gloating o'er *She* shall press, ah, nevermore!

Then, methought, the air grew denser, perfumed from an unseen censer Swung by Seraphim whose foot-falls tinkled on the tufted floor. "Wretch," I cried, "thy God kath lent thee—by these angels he hath sent thee Respite— respite and nepenthe from thy memories of Lenore! Quaff, oh quaff this kind nepenthe and forget this lost Lenore!" Quoth the Raven, "Nevermore."

"Prophet!" said I, "thing of evil!—prophet still, if bird or devil!—Whether Tempter sent, or whether tempest tossed thee here ashore, Desolate yet all undaunted, on this desert land enchanted—On this home by Horror haunted— tell me truly, I implore— Is there—*is* there balm in Gilead?—tell me—tell me, I implore!" Quoth the Raven, "Nevermore."

Dieser schaurig-schwarze Rabe mit dem drolligen Gehabe.
Er verscheuchte meine Grillen durch den Ernst, dem er gebot.
»Ist dein Schopf auch wie kein zweiter kahlgerupft«,
so sprach ich heiter,
»bist du doch ein wack'rer Streiter, Wanderer
aus Nacht und Not? –
Mit Verlaub – wie ruft man dich im Schattenreich
von Nacht und Not?«
Sprach der Rabe: »Frag den Tod!«

Deutlich sprach's der Kauz, der scheue, und verwundert
mich aufs neue,
wenn die Antwort auch nur wenig Deutung und
Erklärung bot.
Denn auch wenn die Zeichen trügen, pflegt doch niemand
zum Vergnügen
einem Vogel sich zu fügen, der als Untier
ihn bedroht –
Mit dem Namen »Frag-den-Tod«.

Nachdem ich auf diese Weise der Wirkung des Schlusses vorgearbeitet habe, lasse ich den phantastischen Ton fallen und nehme statt dessen den tiefsten Ernstes. Diese Veränderung beginnt gleich mit der ersten Zeile der Strophe, die auf die eben zitierten folgt:

Einsam auf der stillen Büste, als ob er dies Wort nur wüßte, sprach der Rabe ...

Von jetzt ab scherzt der Liebende nicht mehr, noch erscheint ihm das Betragen des Raben länger phantastisch. Er spricht von ihm als dem ›traurigen, anmutlosen, unheimlichen, mageren, unheilverkündenden Vogel des Altertums‹ und fühlt ›seine feurigen Augen sein innerstes Herz versengen‹. Dieser Umschwung in den Gedanken und der Phantasie des Liebenden soll den Zweck haben, einen gleichen bei dem Leser hervorzurufen und ihn in eine Wirkung des Schlusses oder vielmehr der Auflösung günstige Stimmung zu versetzen, die nun so schnell und direkt wie möglich herbeigeführt wird.
Mit dieser Auflösung, mit der Antwort des Raben auf die letzte Frage des Liebenden, ob er die Geliebte in der anderen Welt wiedersehen wird, ist das Gedicht

im eigentlichen Sinne, als einfache Erzählung, zu Ende. Bis jetzt ist alles in den Grenzen des Erklärlichen, des Wirklichen geblieben. Ein Rabe, der das einzige Wort »nevermore« sprechen gelernt hat, ist der Wachsamkeit seines Eigentümers entschlüpft und verlangt um Mitternacht, vom heftigen Unwetter hart bedrängt, Einlaß an dem erleuchteten Fenster eines Gelehrten, dessen Gedanken sich halb mit dem Inhalt fast verschollener Bücher mühen, halb in Erinnerung an die tote Geliebte verloren sind. Als er auf das Flügelschlagen des Raben das Fenster öffnete, läßt sich der Rabe auf dem bequemsten Platz außerhalb des Bereiches seines Wirtes nieder, den das Erlebnis und das steife Gebaren des Vogels so amüsiert, daß er ihn im Scherz und ohne eine Antwort zu erwarten nach seinem Namen fragt. Der Rabe antwortet mit dem einzigen Wort, das er gelernt: »nevermore!« – und dieses Wort findet in dem trauervollen Herzen des Liebenden sofort ein Echo, der nun gewisse Gedanken, die die Umstände in ihm entstehen ließen, laut denkt und nun mit Verwunderung die gleiche Antwort »nevermore« von dem Raben erhält. Er errät sofort den Zusammenhang, doch treibt ihn, wie ich schon erwähnte, die echt menschliche Sucht, sich selbst zu quälen, und auch ein wenig Aberglaube, dem Vogel weiter solche Fragen zu stellen, deren Beantwortung durch das erwartete »nevermore« ihm wollüstigen Schmerz bringen muß. Als er nun mit der letzten Antwort den größten Schmerz erfahren, hat die Erzählung ihr natürliches Ende erreicht, und nichts in ihr hat bisher die Grenzen des Wirklichen überschritten.

Doch tragen die Werke, die so gearbeitet wurden, so geschickt und reich an Begebenheiten sie auch hingestellt sein mögen, immer eine gewisse Nacktheit und Härte zur Schau, die das künstlerische Auge abstößt. Zwei Dinge werden immer nötig sein: erstens eine gewisse Komplexität oder vielmehr Verbindungsfülle, dann eine gewisse Menge suggestiven Geistes, etwas wie ein gedanklicher, doch unbestimmter Unterstrom. Dieser letztere ganz besonders gibt einem Kunstwerke erst jenen Reichtum – um ein alltägliches Wort zu gebrauchen –, den wir so gerne mit dem Idealen verwechseln. Das Unterstreichen dieser geheimen Bedeu-

"Prophet!" said I, "thing of evil—prophet still, if bird or devil! By that Heaven that bends above us—by that God we both adore—Tell this soul with sorrow laden if, within the distant Aidenn, It shall clasp a sainted maiden whom the angels name Lenore—Clasp a rare and radiant maiden whom the angels name Lenore." Quoth the Raven, "Nevermore."

"Be that word our sign of parting, bird or fiend!" I shrieked, upstarting— "Get thee back into the tempest and the Night's Plutonian shore! Leave no black plume as a token of that lie thy soul hath spoken! Leave my loneliness unbroken!—quit the bust above my door! Take thy beak from out my heart, and take thy form from off my door!" Quoth the Raven, "Nevermore."

And the Raven, never flitting, still is sitting, still is sitting On the pallid bust of Pallas just above my chamber door; And his eyes have all the seeming of a demon's that is dreaming, And the lamplight o'er him streaming throws his shadow on the floor; And my soul from out that shadow that lies floating on the floor Shall be lifted—nevermore!

Es gibt viele Übersetzungen des Gedichts. Die neue deutsche Poe-Ausgabe von Kuno Schumann zitiert allein dreiundzwanzig. Für dieses Buch – denn das Gedicht ist eine Herausforderung – wurden die von Poe im Text zitierten Strophen von Marianne Uhl noch einmal neu übertragen. Die deutsche Fassung folgte der Kalkulation der Wirkung, die auf den Klang nicht verzichten kann: *Frag den Tod*, als Refrain, führt das gedehnte o dreimal als Vers-Endung in jede Strophe ein und bestimmt das Klangbild der Strophen insgesamt. Die grammatische Form der Verse sucht größtmögliche Einfachheit, damit die Wirkung *allgemein und augenblicklich sei*

tung – der Unterstrom, der verborgen bleiben soll, wird oft zum sichtbaren Oberstrom des Werkes gewählt – macht die vorgenannte Poesie der sogenannten Transzendentalisten stets zu Prosa, und zwar zu Prosa flachster Art.

Diese Betrachtungen ließen mich die beiden Schluß-strophen des Gedichtes schreiben – ihre Suggestions-kraft mußte die ganze vorhergehende Erzählung durchdringen. Der bedeutsame Unterstrom kommt zuerst in den Zeilen zur Erscheinung:

»Nimm den Sporn mir aus dem Herzen, sag', was schert dich meine Not?«
Sprach der Rabe: »Frag den Tod!«

Wie man bemerkt haben wird, sind die Worte ›aus meinem Herzen‹ der erste metaphorische Ausdruck des Gedichtes. Sie und die Antwort »nevermore« bringen den Leser auf den Gedanken, in dem Vorher-gehenden eine Moral zu suchen; man fängt an, den Raben für ein Symbol anzusehen, doch erst in der letzten Zeile der allerletzten Strophe ist die Absicht, ihn zu dem Symbol trauervoller und nie endigender Erinnerungen zu machen, deutlich ausgedrückt.

Und der Rabe flattert nimmer, sitzt und schweigt, und sitzt noch immer
auf der bleichen Pallasbüste über meiner Tür wie tot.
Und die Glut verhang'ner Lider spiegelt Höllenträume wider, und es fällt ein Schatten nieder, treibt dahin,
ein dunkles Boot –
Treibt dahin mit meiner Seele – wer entreißt sie
ihrer Not –
ihrem Schatten? Frag den Tod!

2. Der Begriff der Gestaltung

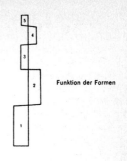

Funktion der Formen

Paul Klee (1921/1922)

Die Lehre von der Gestaltung befaßt sich mit den Wegen, die zur Gestalt (zur Form) führen. Es ist die Lehre von der Form, jedoch mit Betonung der dahin führenden Wege. Das Wort Gestaltung charakterisiert das eben Gesagte durch seine Endung. »Formlehre«, wie es meist heißt, berücksichtigt nicht die Betonung der Voraussetzungen und der Wege dahin. Formungslehre ist zu ungewohnt. Gestaltung knüpft in ihrem weiteren Sinne außerdem deutlich an den Begriff der zugrunde liegenden Voraussetzungen einer gewissen Beweglichkeit an und ist darum um so eher vorzuziehen.

»Gestalt« (gegenüber Form) besagt außerdem etwas Lebendigeres. Gestalt ist mehr eine Form mit zugrunde liegenden lebendigen Funktionen. Sozusagen Funktion aus Funktionen. Die Funktionen sind rein geistiger Natur. Bedarf nach Ausdruck liegt zugrunde. Jede Äußerung der Funktion muß zwingend begründet sein. Dann wird Anfängliches, Mittelndes und Endendes eng zusammengehören. Und nirgends wird sich Fragwürdiges vordrängen können, weil eins ins andere notwendig sich fügt.

Die Kraft des Schöpferischen kann nicht genannt werden. Sie bleibt letzten Endes geheimnisvoll. Doch ist es kein Geheimnis, was uns nicht grundlegend erschütterte. Wir sind selbst geladen von dieser Kraft bis in unsere feinsten Teile. Wir können ihr Wesen nicht aussprechen, aber wir können dem Quell entgegengehen, soweit es eben geht. Jedenfalls haben wir diese Kraft zu offenbaren in ihren Funktionen, wie sie uns selbst offenbar ist. Wahrscheinlich ist sie selbst eine Form von Materie, nur als solche nicht mit denselben Sinnen wahrnehmbar wie die bekannten Arten der Materie. Aber in den bekannten Arten der Materie muß sie sich zu erkennen geben. Mit ihr vereinigt,

Formale Aussage:

Formung: fest

Anlage: vertikal

Gliederung: fest

Entwicklung:
progressive Steigerung

Richtung der Steigerung:
von oben nach unten

Ideelle Aussage:

Der Gedanke von der Schwere der Materie.

Rezeptiv modifizierte Funktion[1]:

Das Auge des Aufnehmenden erfaßt gleich die saftigste Stelle der Weide Nr. 1, vergleicht damit Nr. 2, vergleicht damit Nr. 3 usw.

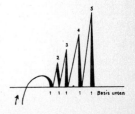

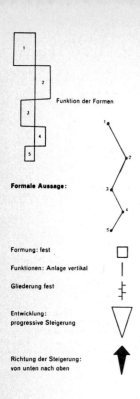

Funktion der Formen

Formale Aussage:

Formung: fest

Funktionen: Anlage vertikal

Gliederung fest

Entwicklung:
progressive Steigerung

Richtung der Steigerung:
von unten nach oben

Ideelle Aussage:

Überwindung der materiellen Schwerkraft.

Rezeptiv modifizierte Funktion:

Das Auge des Aufnehmenden
steuert auf die Stelle der Weide,
wo das Gras am dichtesten wächst, Nr. 1,
vergleicht damit Nr. 2, vergleicht damit Nr. 3,
Nr. 4 und Nr. 5. Basis oben

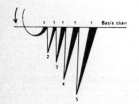

muß sie funktionieren. In der Durchdringung mit der Materie muß sie eine lebendig wirkliche Form eingehen.

Solche Beweglichkeit auf den natürlichen Schöpfungswegen ist eine gute Formungsschule. Sie vermag den Schaffenden von Grund aus zu bewegen und, selber beweglich, wird er schon für die Freiheit der Entwicklung auf seinen eigenen Gestaltungswegen sorgen . . .

Meine Aufgabe hier sehe ich von Anfang an und je länger je deutlicher: in der Übermittlung meiner im ideellen Gestalten (Zeichnen und Malen) gemachten Erfahrung, die sich um den Aufbau von Vielheiten zur Einheit dreht. Diese Erfahrung übermittle ich Ihnen teils in Synthesen, d. h., ich lasse Sie meine Werke sehen, teils in Analysen, d. h., ich zergliedere die Werke in ihre wesentlichen Teile. Ich überlasse sie Ihnen als Spielzeug und gebe Ihnen recht, wenn Sie diese Spielwaren zerstören, um zu sehen, wie sie gemacht sind.

Es handelt sich hier meistens um kombinierte Formen. Um nun die kombinierten Formen zu erfassen, muß man sie in ihre Teile zergliedern. Zum Beispiel in der Natur: Man erkennt nicht auf den ersten Blick, wie das Gesetz in der Natur waltet. Man muß erst suchen, forschen. Die Natur erfüllt ja nicht nur einen Zweck, sondern hat viele Zwecke. Der Forscher wird mit dem Messer sezieren und kann daraus die Beziehungen zwischen dem Innern und dem Äußern ermessen. Es ergibt sich dann, daß aus inneren Gründen, wie bei uns in der Kunst, etwas bekleidet ist. Es wächst sozusagen noch manches darüber. Im Innern kann man es biologisch verstehen. Und dann endlich kommt das, was man als Hülle oder Mantel sieht.

Wir haben in der Kunst einen solchen Zweck zu verfolgen wie in der Natur, aber wir sind nicht fähig, uns von diesem Beispiel ganz frei zu machen.

Unsere Aufgabe ist in Form gebracht, um zu funktionieren, ein Funktionsorganismus. Ähnliches zu wollen, rein als Gleichnis zu dem, was die Natur schafft, nicht etwas, was konkurrieren will, sondern etwas, das besagen will: Es ist so wie dort.

Derjenige, der rezeptiv schafft, hat natürlich dann bei uns wenig zu suchen.

Die Form steht im Vordergrund des Interesses. Um sie müht man sich. Sie gehört zum Metier in erster Linie. Es wäre aber falsch, daraus zu schließen, daß die mit einbezogenen Inhalte nebensächlich seien.

Man kann nun wohl etwas darstellen um des Gesetzes willen. Das Künstlerische aber ist dadurch nicht getan. Alles, was über das Gesetzmäßige hinausgeht, muß Rechenschaft ablegen, muß vertreten werden können. Diese über das Legale hinausgehenden Handlungen nehmen eine andere Rolle ein als die andern.

Formbildung ist energisch abgeschwächt gegenüber Formbestimmung. Letzte Folge beider Arten von Formung ist die Form. Von den Wegen zum Ziel. Von der Handlung zum Perfektum. Vom eigentlich Lebendigen zum Zuständlichen.

Im Anfang die männliche Spezialität des energischen Anstoßes. Dann das fleischliche Wachsen des Eies. Oder: zuerst der leuchtende Blitz, dann die regnende Wolke.

Wo ist der Geist am reinsten? Im Anfang.

Also nicht an Form denken, sondern an Formung. Festhalten am Weg, am ununterbrochenen Zusammenhang mit der ideellen Ursprünglichkeit. Von hier aus notwendig den Formungswillen weiterführen, bis Teilchen und Teile von ihm durchdrungen sind.

Schrittweise diesen Willen übertragen vom Kleinsten ins Größere, zur Durchsetzung des Ganzen vordringen, die formende Führung in der Hand behalten, vom schöpferischen Duktus nicht lassen.

Die theoretischen Übungen bilden einen Behelf zur Klärung, ähnlich, wie jedes theoretische Mittel ein Behelf zur Klärung ist. Die Studien unterscheiden sich von der Theorie durch ihr Sein in der Praxis. Dem Wesen nach keine Tat in generis, wohl ein Tun im Können, welches die integrierende Form repetiert und seine Vorstufe zur Tat wissenschaftlich einübt.

Die Mannigfaltigkeit der Ausführung dieser Studien behauptet die Wichtigkeit des Gebietes und ergibt Resultate, die schon in das Gebiet der Gestaltung, wenn auch anfänglich der primitiven, intuitiven, hinüberreichen, um sich später in der geistigen zu vervollkommnen, zu bereichern, auszuwirken.

Ich habe selbst viele gesetzmäßige Versuche gemacht und das als Grundlage hingestellt. Aber das Künstle-

Funktion der Formen

Formale Aussage:

Formung: fest

Anlage: vertikal

Gliederung: fest

Entwicklung: progressive Steigerung und progressive Abnahme

Richtung der Steigerung: von oben nach der Mitte und von unten nach der Mitte;

Richtung der Abnahme: von der Mitte nach oben und von der Mitte nach unten

materiell
ideell

Ideelle Aussage:

Kombination der materiellen und der idealistischen Auffassung

Rezeptiv modifizierte Funktion:

Das Auge des Aufnehmenden wird hauptsächlich durch die Werte 1 und 2 erfaßt, pendelt zwischen 1 und 2, vergleicht 3 und 5 mit 1 und 2 und vergleicht endlich noch 4. Basis Mitte

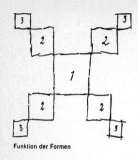

Funktion der Formen

Formale Aussage:

Formung: fest

Anlage: diagonal

Gliederung: fest

Entwicklung:
Steigerung und Abnahme

Richtung der Steigerung:
von außen nach innen

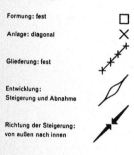

Ideelle Aussage:

Überwindung der Schwerkraft.
An ihre Stelle tritt die Schwungkraft.

Rezeptiv modifizierte Funktion:

Das Auge des Aufnehmenden wird durch das
Hauptgewicht 1 in verstärktem Maß erfaßt,
weil dieses Hauptgewicht zugleich
an wichtigster Stelle steht,
dann pendelt es im Umkreis nach den vier 2
und in neuem Umkreis nach den vier 3

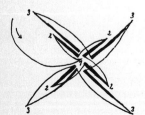

rische ist erst getan, wenn eine Komplikation entsteht. So waren öfters Projektionen ins Künstlerische geglückt, ohne daß ich an Kunst dachte.

Man kann zusammenfassend sagen: Es wurde etwas sichtbar gemacht, was ohne Bemühung des Sichtbarmachens nicht zu ersehen wäre. Man könnte wohl sehen, aber wieder genau wissen könnte man es nicht. Aber nun kommen wir hier auf das Gebiet der Kunst, es muß hier wesentlich unterschieden werden, was der Zweck des Sichtbarmachens ist. Ob nur Gesehenes zur Erinnerung notiert ist oder auch Nichtsichtbares zu offenbaren. Dann sind wir, wenn wir diesen Unterschied festhalten und erspüren, auf dem prinzipiellen Punkt der künstlerischen Gestaltung angelangt.

Das Bild hat keinen besonderen Zweck. Es hat nur den einen Zweck, uns glücklich zu machen. Das ist etwas ganz anderes als die Beziehung zum äußeren Leben, also muß es auch anders organisiert sein. Wir wollen eine Leistung darin sehen, wir wollen eine besondere Leistung. Es soll etwas sein, das uns zu schaffen gibt, was wir gerne öfter sehen, was wir zum Schluß gerne besitzen möchten. Erst da sehen wir, ob es uns glücklich macht.

3. Die Freuden der Konstruktion

Paul Valéry (1894)

Damit kommen wir zu den *Freuden der Konstruktion*. Wir werden versuchen, anhand einiger Beispiele die bisher geäußerten Ansichten zu begründen und im Bereich ihrer Anwendung die Möglichkeit, ja fast die Notwendigkeit eines Zusammenspiels aller Denkformen aufzuzeigen. Ich möchte vor Augen führen, wie mühsam die Einzelergebnisse, die ich flüchtig berühren werde, zu erzielen wären, wenn nicht Begriffe, die einander fernzustehen scheinen, in Menge an ihnen mitbeteiligt wären.

Wen nie – sei es auch nur im Traum! – ein Unternehmen gepackt hat, das er mit völliger Freiheit auch wieder fahrenlassen kann, wer sich nie an das Abenteuer einer Konstruktion gewagt hat, die schon abgeschlossen ist, wenn die anderen sie erst beginnen sehen, und wer nicht die das eigene Selbst entflammende Begeisterung einer einzigen Minute gekostet hat, das Gift der Empfängnis, die Skrupel, die Kälte innerer Einwände und jene wechselseitige Ablösung von Gedanken, bei der immer der stärkste und umfassendste auch über die Gewohnheit, ja sogar über die Neuartigkeit siegen muß, wer nicht auf dem blanken Weiß der Seite ein Bild geschaut hat, an dem die Möglichkeit und der bedauernde Verzicht auf alle Zeichen, die von der getroffenen Wahl ausgeschlossen blieben, zehrte, und wer nicht im lichten Luftraum ein nichtvorhandenes Bauwerk erblickt hat, wen nicht Schwindel angesichts des Abstandes von einem Ziel ergriffen hat, die bange Sorge um die Mittel zu seiner Verwirklichung, das Gefaßtsein auf Verzögerungen und Versager, die Berechnung der fortschreitenden Phasen, die in die Zukunft entworfene Planung, die sogar damit rechnet, was *dann* nicht in die Überlegung einzutreten hat – der kennt auch nicht, wie immer es sonst um sein Wissen bestellt sein mag, den Reichtum

»Die Freuden der Konstruktion« ist kein Titel von Valéry. Er wurde aus der ersten Zeile des ersten der hier zitierten Abschnitte gewonnen. Die folgenden Marginalien hat Valéry seinem Text, der 1895 zuerst erschien, den er 1919 in einem neuen Text mit dem Titel »Anmerkung und Abschweifung« erläuterte, in den Jahren 1929 und 1930 hinzugefügt: Umwege, die in der Überlagerung die Aussage in Bewegung halten, offen, das heißt anwendbar

Valéry: Das Willkürliche Schöpfer des Notwendigen . . .

und die Ergiebigkeit und die geistige Spannweite, die der Tatbestand des *Konstruierens* erhellt. Auch die Götter haben vom menschlichen Geist die Gabe des *Schöpferischen* empfangen, weil dieser Geist seiner periodisierenden und abstrahierenden Anlage gemäß das Faßbare bis zum Unfaßbaren hin erweitern kann.

Konstruieren spielt sich zwischen einem Vorsatz oder einer eindeutig bestimmten Schau und den zu ihrer Verwirklichung gewählten Materialien ab. Man setzt eine Ordnung an die Stelle einer anderen ursprünglichen, was für Gegenstände man auch ordnen mag. Es sind Steine, Farben, Worte, Begriffe, Menschen usw.; ihre Eigenbeschaffenheit verändert nicht die allgemeinen Bedingungen jener Art von Musik, in der sie vorerst – um im Bilde zu bleiben – nur die Rolle der Klangfarbe spielt. Erstaunlich ist oft der Eindruck von Richtigkeit und Zweckdienlichkeit bei menschlichen Konstruktionen, die aus anscheinend unvereinbaren Gegenständen zusammengefügt sind, als hätte der Meister, der die Anordnung vornahm, geheime Wahlverwandtschaften in ihnen entdeckt. Doch über die Maßen sind wir erstaunt, wenn wir darauf kommen, daß der Urheber in der überwiegenden Mehrzahl der Fälle außerstande ist, sich über die eingeschlagenen Wege Rechenschaft zu geben, daß er Inhaber einer Macht ist, deren Antriebsfedern ihm unbekannt sind. Er kann niemals im voraus einen Erfolg für sich buchen. Auf Grund welcher Berechnungen lassen sich die Teile eines Gebäudes, die Elemente eines Dramas, die Komponenten eines militärischen Sieges miteinander vergleichen? Welche Reihenfolge verborgener Analysen führt zur Schöpfung eines Werkes?

In solchem Fall ist es üblich, sich um Aufklärung an den Instinkt zu wenden, doch gibt es zunächst einmal für den Instinkt auch heute noch keine rechte Erklärung, und zudem müßte man sich in diesem Falle auf ausgesprochene Sonderinstinkte persönlicher Art beziehen, das heißt auf den widerspruchsvollen Begriff einer ›Erbgewohnheit‹, die so wenig gewohnheitsmäßig wie erblich ist.

Konstruieren legt, sofern die aufgewendete Mühe zu einem verständlichen Ergebnis führt, den Gedanken an einen gemeinsamen Maßstab der eingesetzten Bestimmungselemente nahe, an ein Element oder ein

Diese Unabhängigkeit ist Voraussetzung der Formsuche. Dagegen geht *in einer anderen Phase* der Künstler darauf aus, die Besonderheit, wenn nicht gar die Einzigartigkeit, die er zunächst aus dem Bereich seiner Aufmerksamkeit getilgt hatte, wiedereinzusetzen.

Der Instinkt ist ein Impuls, dessen Ursache und Ziel im *Unendlichen* liegen, wenn man einmal annimmt, daß bei dieser Gattung *Ursache und Ziel* überhaupt eine Rolle spielen.

Prinzip, von welchem schon die bloße Aufnahme ins Bewußtsein bedingt ist und das nur abstrakter oder imaginärer Art sein kann. Ein Ganzes, das aus Veränderungen besteht, ein Bild, ein Gebäude vielzähliger Eigenschaften können wir uns nicht anders denn als gemeinsamen Ort der Modalitäten einer einzigen Materie oder eines einzigen *Gesetzes* vorstellen, dessen fortlaufender Zusammenhang von uns in dem Augenblick bestätigt wird, da wir dieses Gebäude als ein Insichganzes, als den abgegrenzten Bereich unserer Untersuchung anerkennen. Hier stoßen wir abermals auf jenes seelische Postulat der Kontinuität, das im Bereich unserer Erkenntnis eine ähnliche Rolle spielt wie das Trägheitsgesetz in der Mechanik. Allein die rein abstrakten, rein differentiellen Kombinationen, wie die Zahlenkombinationen der Mathematik, lassen sich auf Grund determinierter Größen konstruieren; beachten wir, daß sie zu unseren sonstigen möglichen Konstruktionen im selben Verhältnis stehen wie die regelmäßigen Gebilde in der äußeren Welt zu denen, die es nicht sind ...

differentiell wird hier nicht im streng mathematischen Sinne gebraucht. Ich meinte Kombinationen aus identischen Elementen.

Das Wort *Konstruktion*, das ich mit Absicht gewählt habe, um das Problem menschlicher Einmischung in die Bewandtnisse der Welt noch stärker zu betonen und um den Leser auf die Logik des Themas hinzuführen, ihm einen stofflichen Anhalt zu bieten – dieses Wort soll jetzt in eingeschränkter Bedeutung verwendet werden. Die Architektur liefert uns das Beispiel.

Das Bauwerk (Kompositionselement der Civitas, auf der nahezu die gesamte Zivilisation beruht) ist ein derart vielseitiges Gebilde, daß unser Erkennen nacheinander eine Reihe von Bestimmungen von ihm abschält: Zunächst ist es ein Zierstück, das sich auf wechselnde Art mit dem Himmel verbindet, dann ein überaus dichtes Motivgewebe nach Höhe, Breite und Tiefe, das sich durch die Perspektive bis ins Unendliche abwandelt; dann ein festes, widerständiges, kühnes Ganzes mit den Merkmalen eines Lebewesens: eine gliedhafte Unterteilung, ein Knochengerüst und schließlich ein Mechanismus, dessen Agens die Schwere ist und bei dem geometrische Erwägungen in die Dynamik übergeführt werden, bis hin zu den subtilsten Spekulationen der Molekularphysik, für deren Theorien und darstellende Strukturmodelle es das Vorbild abgibt. Im

Heute sind es keine *Gebäude* mehr, die die Physik in der Materie entdeckt. Was sie letzten Endes in ihr findet, ist *seinem Wesen nach Unbeschreibliches und Unvorhergesehenes!* 1930.

Medium des Bauwerks, oder vielmehr in jenen imaginären Bauelementen, die in der Phantasie geschaffen und deren verschiedene Bedingungen aufeinander abgestimmt werden: die Zweckmäßigkeit des Baus auf seine Standfestigkeit, seine Verhältnisse auf den Standort, seine Form auf den Stoff, wobei jede dieser Bedingungen mit sich selber in Einklang gebracht wird: seine Millionen wechselnder Ansichten, seine Gewichtsverteilung, das Verhältnis seiner drei Dimensionen – in all dem läßt sich die Klarheit einer Geistestätigkeit wie derjenigen Leonardos am ehesten nachschaffen. Dieser Geist kann sich in die Sinneseindrücke des Menschen versetzen, der um das Bauwerk herumgeht, darauf zutritt, an einem Fenster erscheint sowie in das, was er von dort aus wahrnimmt; er kann verfolgen, wie die Last des Dachaufbaus durch Wände und Stützpfeiler bis in die Fundamente abgeleitet wird; kann sich in die gegenstrebige Wucht der Dachbalken versetzen, in die Schwingungen des Windes, der sie heimsuchen wird; kann die Muster des Lichts voraussehen, ob es aus freiem Himmel auf Ziegel und Gesimse fällt oder gebrochen und eingefangen Sonnenstreifen auf den Fußboden wirft. Er wird nachfühlen und beurteilen, wie der Querbalken auf seinen Trägern lastet, wird überlegen, ob ein Bogen angebracht ist, wird mit den Schwierigkeiten der Wölbungen ringen, wird die Terrassen ihre Treppenkaskaden ausspeien lassen, wird all das leisten, was am Ende aus seiner Erfindung einen dauerhaften, geschmückten, beschirmten, von Fensteraugen durchschossenen Baukörper macht, der für unser Leben geschaffen ist, der unsere Worte bewahrt und den Rauch unseres Herdfeuers aus sich entläßt.

Im allgemeinen wird die Architektur verkannt. Die Meinung, die man von ihr hat, bewegt sich zwischen Theaterdekoration und Mietskaserne. Man möge sich aber einmal den Begriff ›Stadt‹ vergegenwärtigen, um ihrer weitgespannten Bedeutung gerecht zu werden, und möge sich, um ihren vielfältigen Reiz auf sich wirken zu lassen, der Grenzenlosigkeit ihrer Aspekte entsinnen; die Unbeweglichkeit eines Bauwerks ist die Ausnahme; der eigentliche Genuß liegt darin, den Ort derart zu wechseln, daß man es in Bewegung bringt, um alle Kombinationen seiner wandlungsfähigen Glie-

Das heikelste Problem der Architektur als *Kunst* besteht darin, diese unendlich wandelbaren Ansichten vorauszusehen. Das ist eine Probe auf das Bauwerk, die jede Architektur zu fürchten hat,

der auszukosten: dann dreht sich auf einmal die Säule, die Tiefen geraten in Fluß, Arkaden gleiten vorüber, tausend Ansichten, tausend Akkorde gibt das Bauwerk frei . . .

wenn ihr Meister nur darauf ausgegangen ist, eine Theaterkulisse zu schaffen.

Das Wesen aus Stein hat sein Dasein im Raum. Was wir Raum nennen, steht in Zusammenhang mit jeder Art von Baugedanken; der architektonische Bau interpretiert den Raum und gibt Anlaß zu Hypothesen über seine Wesensart, Hypothesen, die insofern besonderen Charakters sind, als das Gebäude sowohl und gleichzeitig ein Gleichgewicht aus Baustoffen im Sinne der Schwerkraft darstellt, ein sichtbares statisches Gefüge, als auch im Innern jedes einzelnen dieser Stoffe ein anderes Gleichgewicht, das molekular und nur wenig bekannt ist. Wer einen Bau entwirft, stellt sich zunächst die Schwere vor und betritt unmittelbar danach das dunkle Reich der Atome. Er stößt auf das Problem der Struktur: auf die Frage, welche Kombinationen zulässig sind, um den Bedingungen der Widerstandsfähigkeit, der Elastizität, wie sie in einem bestimmten Raum in Kraft treten, zu genügen. Man sieht, auf welche Art sich damit die Fragestellung logisch erweitert, wie man vom Bereich der Architektur, den man im allgemeinen so gern den Praktikern überläßt, zu den tiefgründigsten Theorien der theoretischen Physik und Mechanik geführt wird.

Die Einbildungskraft ist so gelehrig, daß die Eigenschaften eines Gebäudes und die innere Struktur irgendwelcher Stoffe sich gegenseitig erhellen. Sobald wir darangehen, uns den Raum vorzustellen, begibt er sich im Nu seiner Leere, bevölkert er sich mit einer Fülle absichtsvoller Konstruktionen, kann in jedem Falle an seine Stelle eine Verschränkung von Figuren treten, die sich so klein wie erforderlich annehmen lassen. Ein Gebäude von denkbar großer Kompliziertheit wird, wenn wir es vervielfältigen und entsprechend verkleinern, das Element eines Milieus verkörpern, das in seinen Eigenschaften von den Eigenschaften dieses Elements abhängig ist. Auf solche Weise sind wir befangen und bewegen wir uns unter einer Menge von Strukturen. Man vergegenwärtige sich, wie verschiedenartig der Raum um uns besetzt, das heißt geformt, erfaßbar ist, und versuche daraufhin sich vorzustellen, welche Bedingungen erfüllt sein

Hier wären wohl ein paar Worte über den Raum angebracht, ein Wort, das je nachdem, ob es sich um den *gesehenen* oder um den gedachten Raum handelt, eine andere Bedeutung annimmt.

Der Raum, mit dem wir gewöhnlich umgehen, gleicht nicht in jeder Hinsicht dem Raum des Physikers, der seinerseits nicht ganz der Raum der Geometrie ist. Denn es sind nicht insgesamt dieselben Erlebnisse oder Verfahren, die ihn definieren.

Es ergibt sich daraus, daß die grundlegenden Eigenschaften der *Ähnlichkeit* nicht im gleichen Maße gültig sind. Es gibt kein *unendlich Kleines* in der Chemie; und an der unendlichen Teilbarkeit der *Länge* hegt die Physik heute berechtigte Zweifel. Das bedeutet aber, daß die Idee der Teilung und die Idee der teilbaren Sache nicht mehr voneinander unabhängig sind. Der Vorgang ist über einen bestimmten Punkt hinaus nicht mehr vorstellbar.

müssen, damit die verschiedenen Dinge – ein Stoff, ein Mineral, eine Flüssigkeit, ein Gas – mit ihren besonderen Eigenschaften wahrgenommen werden können; eine eindeutige Vorstellung von ihnen wird man nur gewinnen, wenn man ein Teilchen dieser Stoffgewebe vergrößert und es mit einem Baugedanken ausstattet, so daß es auf Grund bloßer Vervielfältigung eine Struktur ergibt, die im Besitz der gleichen Eigenschaften ist wie das eine, das wir beobachtet haben . . .

Mit Hilfe dieser Strukturbegriffe können wir ohne Unterbrechung der Kontinuität die anscheinend so unterschiedlichen Bereiche des Künstlers wie des Gelehrten frei durchwandern, von der dichterischsten, ja der phantastischsten Konstruktion bis hin zu der tastbaren und wägbaren. Die Probleme der Komposition stehen mit denen der Analyse im Wechsel; und es ist eine *psychologische* Eroberung unserer Zeit, daß wir hinsichtlich der Entstehung der Materie von allzu einfachen Vorstellungen ebenso abgekommen sind wie hinsichtlich der Bildung von Ideen. Die luftigen Träume von der Substanz verschwinden genauso wie die dogmatischen Erklärungen, und die wissenschaftliche Bildung von Hypothesen, von Namen und Modellen macht sich frei von vorgefaßten theoretischen Meinungen und vom Idol der Einfachheit.

4. Die Umwandlung der Sätze

Michel Butor (1965)

Verbindungen der Zeiten, der Orte, der Personen –
wir befinden uns mitten in der Grammatik. Alle Möglichkeiten der Sprache muß man zu Hilfe rufen. Die
›kurzen klaren Sätze‹, die uns unsere Lehrer einst
empfahlen, reichen nicht mehr aus. Sobald man die
ausgetretenen Wege verläßt, muß man präzisieren,
welche ›Konjunktion‹ zwischen zwei aufeinanderfolgenden Sätzen besteht, man kann sie nicht mehr im
Unausgesprochenen belassen. Von diesem Augenblick
an werden sich die kurzen Sätze zu großen vereinigen,
wenn es sein muß, und dadurch wird es uns möglich,
wie manche große frühere Autoren, den wunderbaren
Reichtum, den unsere Konjugationen uns bieten, voll
auszunutzen.

Wenn diese Wortganzheiten allzu umfangreich werden, unterteilen sie sich auf ganz natürliche Weise in
Abschnitte, stützen sie sich durch Wiederholungen,
spielen sie mit allen Farbkontrasten, welche durch die
verschiedenen Stile in Zitaten oder Parodien verwirklicht werden, und isolieren ihre aufzählenden Partien
durch eine angemessene typographische Anordnung.
Der Suchende entwickelt auf solche Weise unsere
Werkzeuge weiter.

Noch einmal der Umweg
als Methode:
für die Länge eines Ab-
schnitts wird die Aussage
zur *Technik des Romans*
von *Michel Butor*, von einem
Literaten also über Literatur, zum Gebrauch für
Architekten übersetzt.
Das Material für die Sätze:
Zeiten, Orte, Personen,
wird ausgetauscht gegen
das Material der
architektonischen
Strukturebenen:
Funktion,
Konstruktion,
Raumkonzept

Der Austausch wurde
von der anderen Seite
schon vorbereitet:
auch der Literat entlehnt
zur Beschreibung seiner
Methode Metaphern aus
einer anderen Sprache, die
die des Architekten sein
könnte:
Technik (des Romans),
Handwerkszeug (des Literaten, Farbkontraste (der
Wörter)

Die Umwandlung der Strukturebenen

Verflechtung der Nutzungen, der Konstruktion, der
der Raumkonzepte – wir befinden uns mitten in der
Grammatik. Alle Möglichkeiten der räumlichen Anordnung muß man zu Hilfe rufen. Die Ablesbarkeit
der Funktionen, die Klarheit der Konstruktion, die
uns unsere Lehrer einst empfahlen, reichen nicht
mehr aus. Sobald man die ausgetretenen Wege ver-

Farbkontraste der Wörter-
Formentsprechungen der
verschiedenen Struktur-
ebenen

typographisch bleibt als
Metapher. Es bedeutet für
die Architektur: sichtbare
Markierung der einzelnen
Strukturebenen dort, wo
sie sich in der Realisation
ohnehin als auffällige
durchsetzen

Werkzeuge-Repertoire

läßt, muß man präzisieren, welche *Konjunktion* zwischen der Strukturebene der Nutzung, der Konstruktion, des räumlichen Gefüges besteht, man kann sie nicht der Intuition überlassen. Von diesem Augenblick an werden sich die einzelnen Strukturebenen zu Überlagerungsformen vereinigen, und dadurch wird es uns möglich, wie manchen früheren Architekten, den wunderbaren Reichtum, den die Anordnung im Raum uns bietet, voll auszunutzen. Wenn die räumlichen Überlagerungsformen allzu vielschichtig werden, gliedern sie sich auf ganz natürliche Weise in räumliche Abschnitte (in denen eine Strukturebene dominiert), vereinfachen die Lesbarkeit durch Wiederholungen, Formentsprechungen, Zitate oder Parodien und isolieren die überlagerten Strukturebenen rückwirkend durch eine angemessene typographische Anordnung.

Der Suchende entwickelt auf solche Weise unser Repertoire weiter.

5. Das Entstehen des baulichen Kunstwerks

Fritz Schumacher (1926)

Der Vorgang des Entwerfens

Man hat ein Kunstwerk als die sichtbare Verwirklichung einer Idee bezeichnet.
Daraus geht hervor, daß am Beginn des Schaffensprozesses, der zu einem bestimmt gewollten baulichen Kunstwerk führt, eine »Idee« steht. Was bedeutet das?
Es ist nicht leicht zu sagen, denn die Idee setzt sich aus verschiedenen Komponenten zusammen.
Vielleicht geht man am besten von einem Beispiel aus. Ein Justizgebäude und ein Rathaus sind, vom Standpunkt ihres praktischen Zwecks aus betrachtet, keine sehr auffallend verschiedenen Gebilde, beide bestehen aus Büros und großen und kleinen Sitzungssälen. Trotzdem würden wir es als starken Mangel empfinden, wenn uns ein Justizgebäude als Rathaus oder ein Rathaus als Justizgebäude erschiene. Wir verlangen, daß irgendeine unbestimmbare Charakterisierungskraft, mögen die Bauten sonst aussehen, wie sie wollen, uns neben dem Erfüllen des praktischen Zwecks zugleich den ideellen Zweck des Bauwerks erkennen läßt. Wenn wir von der Idee eines Bauwerks sprechen, so ist der erste deutbare Inhalt dieses schwer klarzulegenden Begriffs ein Vorstellungskomplex, der sich auf die Charakterisierung des jeweiligen ideellen Zwecks der Aufgabe bezieht. Dieser ideelle Zweck braucht nicht immer so handgreiflich faßbar hervorzutreten wie beim Justizgebäude. Die Feinheit des Künstlers zeigt sich vielmehr gerade darin, daß die Idee, die ihm vorschwebt, wenn er beispielsweise für eine bestimmte Persönlichkeit ein Wohnhaus zu schaffen hat, nicht nur dem Begriff des Familienlebens schlechthin gerecht wird, sondern gerade der eigentümlichen Nuance von Gemütlichkeit oder Repräsen-

Der Text stammt aus einem Handbuch für Architektur und ist dort Teil des Kapitels:
Architektonische Komposition.
Das Kapitel insgesamt besteht aus folgenden Abschnitten:

I Das Erfassen des baulichen Kunstwerks
A Verstandesmäßige Wirkungen
B Sinnliche Wirkungen
C Seelische Wirkungen

II Das Entstehen des baulichen Kunstwerks
A Der Vorgang des Entwerfens
B Die Mittel des Entwerfens
C Die Ziele des Entwerfens

Aus Teil II werden hier die Abschnitte A und C, leicht gekürzt, nachgedruckt

»Die Nebel ballen sich
im Künstler zu einem
Wolkengebilde«...,
die Strukturebenen der
Funktion der Konstruktion,
der visuellen Regeln und
Muster (vgl. Uhl) werden
im »idealen soziologischen
Zusammenhang« gefiltert
und verdichtet.
Der Architekt, der selbst
in gesellschaftliche
Struktur eingebunden ist,
zu ihr ein bestimmtes
Verhältnis eingeht und
seine Interpretation der
Bauaufgabe mehr oder
weniger bewußt aus diesem
Verhältnis gewinnt,
entwirft in dieser dreifachen
Gebundenheit. Seine
Entscheidung kann für

tation oder Feingeistigkeit, die für den betreffenden
Bauherrn charakteristisch ist. Das Werk muß ein Porträt des Bauherrn werden, und das Gefühl für gerade
diese im betreffenden Fall notwendige Note muß als
Idee den Schaffenden erfüllen, ehe er noch etwas
wirklich formt. Woher kommt dem Künstler diese
Fähigkeit, sich mit einem ganz bestimmt gearteten
Fluidum zu erfüllen, in das der ganze weitere Zeu-
gungsprozeß gleichsam gehüllt ist?
Es liegt auf der Hand, daß dabei die Tradition eine
wichtige Rolles spielt. Vielleicht haben wir hier den
Punkt, wo die fruchtbarste und wichtigste Kulturver-
erbung vor sich geht. Aber es wäre sehr oberflächlich
und müßte naturgemäß bald zur Sterilität führen,
wenn wir glauben wollten, unser Phänomen nur aus
Reminiszenzen erklären zu können.
Schon jener Fall vom individuellen Wohnhaus würde
weit über solche Erklärung herübergreifen. Nein, der
Untergrund, aus dem die Idee des baulichen Kunstwerks aufsteigt, ist der lebendige Kulturboden der
jeweils gegenwärtigen Zeit. Ein Boden, der noch um-
wallt ist von unbestimmten Nebeln, ja, der vielleicht,
je fruchtbarer er an einer bestimmten Stelle ist, um so
mehr Nebel aus feuchter Erde emporsteigen läßt.
Diese Nebel ballen sich im Künstler zu einem Wolkengebilde. Es hat noch keine umrissene Gestalt, seine
Eigenart ist gerade, daß es sich beweglich in jede Gestalt formen kann, aber sein Stoff hat ein ganz bestimmt geartetes Wesen, das zum Vorschein kommt,
sobald daraus Form entsteht.
Anders ausgedrückt: was der Idee zu einem baulichen
Kunstwerk zuerst ihr Wesen gibt, ist der ideale, soziologische Zusammenhang, in den es treten soll.
Es gibt Schöpfer, deren Kraft darin liegt, diesen Zusammenhang im Rahmen der Kultur ihrer Zeit fein-
fühlig charakterisierend zu wittern. Sie schaffen mit
schmiegsamer Hand die Beiträge zu den Typen, aus
denen man später die gut bestellten Felder dieser
Kultur erkennen kann. Und es gibt Schöpfer, deren
Kraft darin liegt, diesen Zusammenhang für die noch
ungeklärten Fragen ihrer Zeit mit starker Faust zu
fügen. Ihnen entstehen Ideen, die den Samen in sich
tragen für die noch nicht bestellten Felder unserer
Kultur.

Mit einem Worte, es gibt bauliche Kunstwerke, deren Vorzüge, vergleichsweise gesprochen, die eines guten Porträts sind, und bauliche Kunstwerke, deren Vorzüge die eines Phantasiegemäldes sind. Beide können vollwertige Kunstwerke sein, beide sind nötig. – Beide können zu einem Unglück werden, wenn das eine da auftritt, wo man mit Recht das andere erwartet. Zu welcher der beiden Gruppen das jeweilige Werk gehören wird, entscheidet sich beim Entstehen seiner Idee.

Aber es ist noch etwas zweites, was der ganz allgemeinen baulichen Idee ihr Wesen gibt.

Bei jedem werdenden Bauwerk handelt es sich nicht nur um einen bestimmten Kulturzweck, der nach seiner Form strebt, sondern zugleich um ein bestimmtes Stück Natur, das nach menschlich gestalteter Form sucht. Ein individuell gearteter Bauplatz bringt zu den soziologischen Einwirkungen solche geographischer Art. Daß die Baustelle, je nachdem, ob sie den ergänzenden Teil eines Platzes bildet oder sich in eine Straßenwand fügt, oder einen Punkt frei beherrscht, für die gleiche Aufgabe von vornherein verschiedene Ideen wecken wird, ist leicht vorstellbar. Aber wir brauchen in Wahrheit gar nicht an solche scharfen Kontraste zu denken, sondern auch bei äußerlich ähnlichen Fällen, also beispielsweise dem Einfügen in einen Platz, wird ein feineres Gefühl von vornherein der baulichen Idee eine ganz bestimmte Richtung geben, die aus dieser Situation hervorgeht. Der Künstler, der »innerlich voller Figur« ist, wie Dürer es so unnachahmlich ausdrückt, trägt das Ideal einer Massengestaltung in sich, das zum Vorschein kommt, sowie er ein noch nicht fertig organisiertes Stück Welt vor sich sieht. Ob er will oder nicht, seine Phantasie zaubert ihm ein Bild zwischen die Bäume oder auf die Höhe oder in das Gefüge der Platzwände, und diese aus dem Sinnlichen geborene Idee mischt sich unvermerkt mit jener aus dem Geistigen geborenen, die das Bewußtsein vom ideellen Zweck der Aufgabe in ihm erzeugte. Schon beim Entstehen der Idee beginnt eine erdgebundene Phantasie, die Wesenlosigkeit ungehemmter Phantasievorstellungen zu lenken.

Und darin liegt keine Beeinträchtigung, sondern eine Förderung.

oder gegen diese Gebundenheit fallen: er kann den soziologischen Zusammenhang abbilden – oder er kann ihm mit seinem Entwurf kritisch entgegentreten, ihn durch die falschen Bilder befremdend befragen

»Die erdgebundene Phantasie«, die Phantasie, die sich willentlich an die vorgefundenen Bedingungen einer Situation bindet, ordnet die Vorgaben nach Strukturebenen (siehe oben), um sie im architektonischen Gefüge räumlich zu verflechten. Die Situationsbedingungen werden bei formalisierten Entwurfsschemata (Matrizes) immer auf der Seite der Restraints, der Einschränkungen genannt: doch das ist zu wenig und sie haben dort ihren falschen Platz. Mehr als Einschränkung sind sie Vorgabe, Eingabe, Ressource für die Umsetzungsarbeit von Programm in Entwurf, so wie es »Architektur ohne Auseinandersetzung mit einem Stück Welt und einem Stück Menschenbedürfnis überhaupt nicht gibt«. Gerade die Utopisten der Architektur, die ohne Restraints entwerfen könnten, beschäftigten sich, von Le Duc bis Archigram, mehr als alle anderen mit Welt und Menschenbedürfnis in einer antizipierten sozialgeschichtlichen Entwicklung

Das Ziel des schöpferischen Prozesses, der mit der architektonischen Idee beginnt, ist dies: die Idee immer mehr zum geistigen Bilde zu verdichten. Dies geistige Bild hat dann die schwere Probe der Auseinandersetzung mit all den einzelnen Realitäten des Zweckprogramms zu bestehen; es kann in dieser Probe wachsen oder zerknittert werden. Das Ende des Vorgangs ist dann die Synthese aus dem geistigen Bilde und dem realen Programm. Sie pflegt man Entwurf zu nennen.

Man kann es wohl als ausschlaggebend für den künstlerischen Wert einer Schöpfung bezeichnen, daß auf diesem Wege alles das, was aus dem Unwillkürlichen entstand, also jene Keime, die vor der gröberen Arbeit des »Entwurfs« liegen, möglichst ungebrochen bleibt. Es würde aber eine sehr falsche Vorstellung sein, wenn man annähme, daß das möglichste Ungehemmtheit von äußeren Bedingungen voraussetzt. Ein wirklich »geborener« Architekt fühlt sich nicht wohl bei freien Phantasien, zu denen ihn manchmal der Mangel an realen Aufgaben treibt. So großartig er sich unter Umständen in ihnen entladen kann, er wird sie immer als Papierblumen empfinden und die bescheidenste wirklich wurzelnde Pflanze wird ihm wertvoller sein, als die üppigste künstliche Blütenpracht. Das Unbefriedigende liegt nicht nur an der Nutzlosigkeit solchen Tuns, im Gegenteil, die spielt wenig dabei mit, sondern in dem gesunden Gefühl, daß es Architektur ohne Auseinandersetzung mit einem Stück Welt und einem Stück Menschenbedürfnis überhaupt nicht gibt, und daß die wirklich gesunde Phantasie sich erst auf diesem fruchtbaren Mutterboden entfalten kann. Ihre beiden Patengeister heißen: *Genius temporis* und *Genius loci*.

Aus allem Dargelegten geht hervor, daß der Keim zu jeder architektonischen Schöpfung nicht aus irgendeinem Sonderwissen, sondern aus der Gesamtheit der Persönlichkeit hervorgeht. Die Art, wie sie mit dem Geist ihrer Zeit oder seinen besonderen Erscheinungsformen, und die Art, wie sie mit dem Geist der Natur oder den aus ihr entwickelten besonderen Erscheinungsformen in Rapport steht, ist maßgebend für die Art, wie eine Idee der Phantasie entspringt.

Bei dem weiteren Weg von Idee zu Bild und Entwurf

sind es nun im Gegensatz dazu Elemente, die fach-
wissenschaftlichen Charakter tragen, deren Hinzu-
treten immer mehr zur Materialisation des noch
Schwebenden führt.

Zwei von ihnen, die später eine Vordergrundrolle
spielen, stehen zunächst nur in einer gewissen Entfernung im Hintergrunde des Bewußtseins. Das eine
ist das Baumaterial. Sobald ein Baukünstler beginnt,
konkrete Vorstellungen zu bekommen, muß er aufhören, die Architektur gleichsam nur als neutrales
Linienspiel zu sehen, – das sie Vielen dauernd bleibt. –
Es gibt für ihn nicht, wenn er sich beispielsweise die
einfache Lösung eines Landhauses denkt, einen recht-
eckigen Körper mit Mansarddach, sondern nur einen
Backsteinkörper, einen Putzkörper, einen Haustein-
körper und ein Dach in Pfannen, oder Schiefer, oder
Schindeln. Selbst bei einem so einfachen Gebilde wird
sich je nach dem Material die Vorstellung der Erscheinung ändern und in der Art, wie sie sich ändert, liegt
die eigentliche Feinheit gerade jener einfachen Schöpfungen, die so aussehen, als hätte sie eigentlich jedermann hinstellen können. Kurz, auch das Unterbe-
wußtsein von einem Material, das erst viel später seine
Spezialforderungen geltend macht, spielt mit, um das
Bild einer Idee hervorzubringen. Es kann bei großen
Aufgaben oftmals als Konstruktionsgedanke eine entscheidende schöpferische Rolle spielen.

Und noch ein zweites Element, daß im Unterbewußt-
sein verankert bleibt, wird den geborenen Architekten
von vornherein beherrschen, das ist die Vorstellung
von den Mitteln, die für einen Bau zur Verfügung
stehen. Auch die hiermit zusammenhängenden Forderungen treten im einzelnen erst viel später auf, aber
sie geben dem feinfühligen Schöpfer doch von vornherein eine gewisse Atmosphäre, in der er sich bewegt. Und nur, wenn sie das tun, werden sie nicht zur
bösen Fessel. Aus dem Zwang äußerster Zurückhaltung
kann ein Reiz entstehen, der undenkbar wäre, wenn
diese Zurückhaltung etwa durch immer weiteres Ab-
schneiden ursprünglicher Absichten eintreten müßte.
Der Schaffende muß ein instinktives Gefühl für das
Ausmaß der Gußform in sich tragen, in die er sein
Wollen strömen lassen kann. Das gibt ihm Halt und
Klarheit.

Baumaterial und die
wirtschaftlichen
Möglichkeiten
sind ebensolche
strukturierenden
Bedingungen.
Henri van Lier
nennt das Feld der
Bedingungen ein
funktionales, in sich
geschlossenes,
synergetisches Netz,
an das Architektur,
als »Nacharchitektur«, sich
als Hülle oder Gehäuse
nur noch anpassen kann,
das Netz der Funktionen
bezeichnend . . .

In Abschnitt I, auf den hier
verzichtet werden mußte,
gibt es einen Absatz, der
die Frage der Konstruktion
und dem an sie gestellten,
verengenden Anspruch der
Offenkundigkeit behandelt.
Der Absatz wurde hier
hinzugenommen und als
Zitat, die Randspalte
mitbeanspruchend,
zwischen die Zeilen gesetzt

Wir könnten uns mit diesem Ausblick, der Zweck und Konstruktion den Weg zu einer freien und legitimen Verbindung mit den übrigen Elementen künstlerischer Wirkung, die im Bauwerk zum Ausdruck kommen, eröffnet, zufriedengeben, wenn nicht noch eine Frage zu beantworten wäre, die mit der Erörterung des Anspruchs auf »Wahrheit« im Bauwerk im Zusammenhang steht. Wir sehen, daß es eine technische Wahrheit gibt, die ihre Forderungen stellt an Materialgerechtigkeit und Funktionsgerechtigkeit der Konstruktion, und daß eine künstlerische Wahrheit ihre Rechte geltend macht, sobald wir von Material und Funktion zur Frage der Form vordringen, in der sie sich äußern sollen. – Offen bleibt dabei noch eine Hauptfrage. Wenn man darüber einig ist, daß die oben entwickelten Anschauungen überall da gelten, wo die Konstruktion im Bauwerk erkennbar hervortritt, so erweckt das leicht die Vorstellung, daß sie überall erkennbar hervortreten müsse. Das haben Fanatiker im Namen der architektonischen Wahrheit oft verlangt. Daß sie innerhalb dieser Bindung Werke von hohem Werte geschaffen haben, beweist noch nicht, daß das Verlangen allgemein berechtigt ist. Was es bedeutet, macht man sich vielleicht am besten klar, wenn man sich vorstellt, man würde auch in sonstigen Beziehungen des Lebens nur das als wahrhaftig gelten lassen, was den Beweis dafür stets erkennbar vor sich hertrüge. Es ist ein großer Unterschied zwischen unwahrem Konstruieren und Umhüllen von wahrem Konstruieren . . .

Auf der einen Seite steht eine Architekturauffassung, bei der das konstruktive Gerüst unmittelbar zutage liegt. In diesen Rahmen spannt sich alles das, was den Gestaltenden etwas an Einzelgedanken und schmückenden Absichten bewegt. Es umspielt das Gerüst, ohne es zu verdecken. – Auf der anderen Seite steht eine Architekturauffassung, die das konstruktive Gerüst umdeutet und was etwa an funktioneller Charakteristik hervorgehoben werden soll, nicht unmittelbar, sondern symbolisch zum Ausdruck bringt. Die das Gerüst umspannenden Massen beleben sich an entsprechender Stelle zur Form, und diese Form ist gebildet als Symbol von Stützen und Tragen, Spannen und Fügen oder, anders ausgedrückt, als Symbol statischer oder dynamischer Kräfte. Der Unterschied der beiden Richtungen ist nicht der Unterschied von Wahrheit und Unwahrheit, der im künstlerischen Parteienkampf oft genug gemacht worden ist. – Auch in der Sprache der Symbole kann man lügen und wahr sein, und nur die Wahrheit innerhalb der gewählten Sprache ist das, worauf es ankommt, nicht etwa die Wahl der Sprache. Auch in der wirklichen Sprache gibt es für den Sinn der Worte nicht ein »dies ist«, sondern nur ein »dies bedeutet«. Genau so ist es in den mit optischen Mitteln arbeitenden Künsten. Das, was ästhetisch in Betracht kommt, ist nicht die Realität, sondern die Wirkung der Dinge. Wenn es in der Baukunst neben dem »dies bedeutet« zugleich ein »dies ist« gibt, so gewinnt auch das »dies ist« erst seine künstlerische Wirkung, wenn es zugleich für den Betrachtenden zum »dies bedeutet« weiter wächst. Auch die reale Konstruktion des Bauwerks gewinnt erst ihre künstlerische Wirkung, wenn sich ihre Bedeutung sinnfällig ausprägt. Nicht die Tatsache der konstruktiven Korrektheit, sondern nur die Tatsache der konstruktiven Suggestionskraft kommt künstlerisch in Betracht. In diesem Sinne handelt es sich auch da, wo die unveränderte Konstruktionsform die entscheidende Rolle spielt, in Wahrheit nicht um ihr Sein, sondern um die Bedeutung, die wir ihr beilegen.

Und nun endlich kommt das Programm mit seinen Forderungen. Es zwingt dazu, das Problem handgreiflich anzufassen. Man muß sich selber und anderen klarmachen können, in welchen Größen, Formen und Zusammenhängen die einzelnen Dinge einer Baugestaltung ineinandergreifen. Das bedeutet: man muß es maßstäblich darstellen.

In Wahrheit ist das Wesen eines architektonischen Organismus mit zweidimensionalen Mitteln undarstellbar. Die Gleichzeitigkeit des Inneren und Äußeren, die seine Eigentümlichkeit ausmacht, läßt sich nicht ohne weiteres fassen. Es hat sich deshalb eine Konvention dafür herausgebildet, wie man dem kubischen Doppelgebilde zweidimensional zu Leibe geht. Man zerlegt es in die verschiedenen horizontalen und vertikalen Schnitte sowie in die Projektionen seiner Ansichten, soweit das alles für seine geometrische Klarstellung nötig ist.

Es ist uns zur Selbstverständlichkeit geworden, den Entwurf eines Gebäudes vorgesetzt zu bekommen in Form von Grundrissen, welche Größe, Art und Zusammenhang der Raumflächen vermitteln, Schnitten, die wenigstens von einigen der Räume den Aufbau und zugleich einen Begriff der Konstruktion geben, und Fassaden, in denen die Außenarchitektur abgewickelt wird.

Diese Methode hat das Gute, daß sie sofort Zeichnungen erzeugt, nach denen der Außenstehende arbeiten kann. Sie sind in richtigen Maßen aufgetragen und bilden die Unterlagen für kommende »Werkzeichnungen«. Es sind gleichsam die Schnittmuster, in die man ein Kleid zerlegt, um es schneidern lassen zu können.

Man darf darüber nicht vergessen, daß sie zunächst einmal nicht dem Außenstehenden, sondern dem Künstler selbst bei seinem Schaffen dienen sollen. Und in diesem Zusammenhang kann man sagen: die Routine, die wir für diese Gebäudezerlegung herausgearbeitet haben und die wir jährlich Tausenden als Sinn und Wesen des Entwerfens beibringen, ist nicht zum wenigsten schuld an der großen Verflachung und Entseelung, der unsere Architektur anheimgefallen ist.

Wir können heute jedem leidlich angelernten Techniker das Programm eines Rathauses geben. Er wird aus

Daseinsform und Wirkungsform unterscheidet *Adolf Hildebrandt* für die bildende Kunst, die Architektur eingeschlossen. »Die Gleichzeitigkeit des Inneren und Äußeren« als Eigentümlichkeit der Architektur, das ist ihre Wirkungsform. Ihre Daseinsform ist ihre Werkform: in berechenbaren Maßen, im besonderen Material, im konstruktiven Detail. Die Konvention der architektonischen Zeichnungen berücksichtigt allein die zukünftige Daseinsform: alle Werkzeichnungen dienen der gegenseitigen Information derjenigen, die den Bau herstellen, die zukünftige Wirkung ruht im Architekten allein als imaginäres Bild. Der Bauherr, die vielen Bauherren(Nutzer als Laien), die eines Tages mit der Wirkung von Architektur leben werden, sind durch die Werkzeichnungen überfordert. Es fehlt in den Kommunikationssprachen (Zeichnungstypen) von Architekten die Aussageebene für das Gespräch mit den Laien,

(in der sich auch
das imaginäre Bild
von der Wirkung
für den Architekten selbst
darstellen und
kontrollieren läßt).
Die perspektivischen
Zeichnungen, die
Fritz Schumacher zwar als
Illustrationen ablehnt,
gehören dennoch zu den
Darstellungsmöglichkeiten
der Wirkung, wenn sie es
sich zur Regel machen, die
Umgebung (als Zeichnung
oder Fotomontage)
mit dem Entwurf zusammen
darzustellen. In ihnen ist
das Maß der Verfremdung
gegenüber der
dreidimensionalen
gebauten Form geringer als
in den ebenen Projektionen
Grundriß, Aufriß, Schnitt...
Andere, neue Zeichnungen,
die die Wirkung ableiten,
müssen zur Konvention
werden (vgl. zeichnerische
Methode im Beitrag Uhl),
wobei Konvention nur
die Regelhaftigkeit
der Anwendung bezeichnet.
Ein vorgeregeltes
zeichnerisches
Instrumentarium
kann es für Zeichnungen,
die Wirkung aussagen,
nicht geben:
die Erläuterungen werden
jeweils besondere
sein müssen, ob es sich um
ein einzelnes Wohnhaus
oder ein Sanierungsgebiet
in Berlin-Kreuzberg
handelt ...

dem Katalog des Bedürfnisses einen reinlichen Grundriß zurechtschieben. Zu den Grundrissen werden Fassaden entstehen, in die hier und da »reizvolle« Gliede-
rungen hereingearbeitet werden. An einem Schnitt
wird erwiesen werden, daß Treppenhaus und Saal ent-
wickelbar sind und schließlich wird die Perspektive
von irgendeinem vorteilhaften Punkte aus die Vorzüge
oder auch die Nachteile des Ganzen noch etwas deutlicher zum Vorschein bringen.
Tausende architektonischer Arbeiten werden alljähr-
lich in dieser Weise erzeichnet. Es sind gewiß recht geschickte Lösungen darunter. Was ist also dagegen
grundsätzlich einzuwenden? Es ist doch alles in Ordnung.
Die Gefahr liegt darin, daß durch dieses virtuose
Handhaben der zeichnerischen Zerlegungskunst des
baulichen Vorganges unfehlbar eine Mechanisierung
unserer schöpferischen Vorstellungswelt eintreten
muß. Alles, worin wir das geheimnisvolle Werden der
Idee eines baulichen Kunstwerks sahen, wird dabei
zum mindesten zur Seite geschoben. Man vergegenwärtige sich ferner, daß das Wesen baulichen Schaffens darin liegt, das Innere und das Äußere des werdenden Werkes als etwas Einheitliches, gleichsam wie
in einer durchsichtigen unter den Fingern des Schöp-
fers beweglichen Maße zu sehen. Nur diese eigentümliche Kraft, die Identität zweier Welten bis ins Einzelne festzuhalten, zweier Welten, die in ihrer Wirkung auseinanderfallen, kann eine wirklich reife und
lebensvolle Schöpfung hervorbringen. Diese Wechselwirkung, die unvermerkt schließlich in jeder Fenster-
laibung und jeder Treppenstufe ihren Ausdruck findet, ist der beseelende Atem des Bauwerks.
Jene Form der geometrischen Zerlegung tut alles, um
diesen eigentümlichen Prozeß zu vernichten. Durch
sie erst konnte die vielerörterte Streitfrage entstehen,
ob man von innen nach außen oder von außen nach
innen bauen muß, das heißt, ob man mit dem Grundriß oder mit der Fassade beim Entwerfen beginnen
soll. Die Frage liegt so weit ab vom wirklichen Verständnis für das, was hier in Wahrheit vor sich gehen
muß, daß man ihr beinahe ratlos gegenübersteht.
Ich brauche wohl kaum zu sagen, daß alle diese Aus-
einandersetzungen nicht bedeuten, daß man diese

Form der architektonischen Darstellung vermeiden soll. Man soll sich nur bewußt bleiben, daß sie ein Hilfsmittel zur Fixierung eines Vorganges ist, der außerhalb ihrer selbst liegt, und muß sich davor hüten, die virtuose Form dieser Fixierung für den eigentlichen schöpferischen Vorgang selbst zu halten.

Noch falscher würde es sein, wollte man etwa aus diesen Erörterungen den Schluß ziehen, daß also nicht die geometrischen Ansichten, sondern die Perspektive das Ziel des Strebens sein müßte. Die Perspektive pflegt erst das Kind der geometrischen Darstellungen zu sein, vermag also schon deshalb meist nichts herzugeben, was nicht bereits in ihnen liegt. Man muß bei diesem Thema streng unterscheiden zwischen der Perspektive, die dem Schaffenden selbst zur Kontrolle seiner Gedanken dient, und der Perspektive, die dafür da ist, dem Außenstehenden die Absichten eines Planes möglichst sinnfällig zu übermitteln. Nur die ersteren gehören zum Kapitel »Entwerfen«, die anderen werden zwar häufig für die Hauptsachen des Entwerfens gehalten, aber haben in Wahrheit gar nichts damit zu tun. Es sind Mittel geschäftlicher oder repräsentativer Natur, die deswegen vielfach von Bedeutung sind, weil ja der Bauherr das Architekturwerk in mancher Hinsicht wie die Katze im Sack kaufen muß. Wenn er den Regungen des Architekten nicht gefühlsmäßig zu folgen vermag, kann man ihm schwer eine Vorstellung von dem vermitteln, was entstehen soll, und muß das dann mehr oder minder laut durch solche Illustrationen zu erreichen suchen. Die Kunst, die in ihnen steckt und die oftmals an sich recht erheblich sein kann, ist nicht die Kunst des Dichters, sondern die des Illustrators. Beide Urheber brauchen nicht einmal identisch zu sein.

Für das, was der Schaffende zur architektonischen Klärung braucht, genügen ihm meist anspruchslose Linienzüge, die auf den Unkundigen wenig Wirkung ausüben. Da aber, wo es sich um ein verwickelteres Gefüge kubischer Massen handelt, da hilft ihm schließlich in Wahrheit nur das plastische Modell. Damit ist aber nichts anderes gemeint, wie der plastische Zusammenschnitt der kubischen Grundmassen, nicht etwa die Lilliput-Architektur des entstehenden Bauwerks.

Auch solches detaillierende Modell ist wie die Prunk-perspektive ein wirkungsvolles Mittel, sich dem noch Zweifelnden oder dem schwer Verstehenden verständlich zu machen, aber nicht ein Teil des entwerferischen Vorganges.

So kann sowohl die geometrische wie die perspektivische zeichnerische Routine leicht vom Wesen architektonischen Entwerfens ablenken und zu einer seelenlosen Geschicklichkeit führen. Es ist ganz bemerkenswert, daß der Kampf gegen alles Konventionelle im Baulichen, der sich in den Bestrebungen des »Weimarer Bauhauses« ausspricht, auch dazu geführt hat, die Methode der zeichnerischen Darstellung des architektonischen Entwurfs zu verlassen. Man greift zur »Kavalierperspektive«, bei der die wirklichen Größen eines bestimmten Maßstabes unverändert bleiben, und zeichnet so die einzelnen Seiten des Bauwerks trotz geometrischer Richtigkeit in dem perspektivischen Zusammenhang, in dem sie in Wahrheit stehen. Aber das ist nicht die Hauptsache: man zeichnet in Weimar in dieser Technik zugleich unter Anwendung verschiedener Farben das Innere in das gleichsam durchsichtige Äußere herein, so daß die Wechselwirkung stets festgehalten wird.

Das ist sicherlich ein theoretisch sehr richtiger Gedanke, aber er führt selbst bei einfachsten Objekten schon zu so komplizierten zeichnerischen Gebilden, daß dies graphische Gewand Gefahr läuft, Selbstzweck zu werden, und eine sinnliche Vorstellung nicht mehr aufkommt. Dennoch ist dieser Versuch als Teil eines allgemeinen Strebens, das Schaffen wieder zu versinnlichen, charakteristisch, denn er weist auf einen Punkt, an dem die Veräußerlichung besonders leicht gezüchtet wird.

Wenn man das erkannt hat, ist es nicht nötig, praktische Methoden aufzugeben, weil mit ihnen Mißbrauch getrieben werden kann, sondern es ist nur nötig, solchen Mißbrauch zu vermeiden. Das ist einzig dadurch möglich, daß man'diese mechanischen zeichnerischen Methoden nicht mechanisch anwendet, sondern stets die Phantasie dabei spielen läßt. Sie muß alles ohne Unterlaß im Geiste ergänzen, was jene weimarische Darstellung auf dem Papier ergänzen will. Das soll heißen: der Grundriß darf, wenn er entsteht, nicht Grundriß bleiben, jede Fläche muß sich zum Raum erweitern, er darf kein Fußbodenplan sein, der Schaffende muß vielmehr stets den raumbildenden oberen Abschluß der jeweiligen Fläche mit dem Gefühl und dem Verstand verfolgen.

Daß mit diesen Raumvorstellungen zugleich der äußere Aufbau erwachsen und aus ihnen seine charakteristischen Eigentümlichkeiten ziehen muß, braucht kaum gesagt zu werden. Kurz, der Grundriß ist dem richtig Schaffenden eine Art symbolischer Abbreviatur des Bauwerks, die bereits alles das enthält, was man sich gleichzeitig in Schnitt und Fassade mit mehr oder minder großer Deutlichkeit vergegenwärtigt hat.

Dieser fein bewegliche, phantasieerfüllte geistige Apparat, den die geometrische Zerlegung des baulichen Werkes beim wirklichen Künstler zunächst darstellt, wird dann im Verlauf der weiteren Entwicklung ganz von selber immer robuster, immer mechanischer, aber auch immer präziser. Aus der Skizze entsteht die genaue Zeichnung. Und so gelingt es schließlich, die architektonische Idee derart einzufangen, daß sie materialisiert ist und nun von allen Seiten beschaut, geprüft und betastet werden kann.

Der zweite Schritt ist erreicht: vom Entstehen der Idee sind wir zum Ausgestalten ihrer bestimmten bildmäßigen Form gekommen.

Jetzt setzt für den Entwerfenden ein drittes Kapitel ein, eine Tätigkeit, die in dieser Art unter allen Künstlern allein dem architektonisch Schaffenden zufällt: er muß seinen Entwurf in Formen gießen, die seine Übersetzung in die bauliche Wirklichkeit mit maschinenmäßiger Genauigkeit und Sicherheit regulieren. Bisher ist er sozusagen nur für ihn selber vorhanden. Die zeichnerische Fixierung auf der Fläche, die für die Malerei bereits das Endziel bedeutet, ist hier nur ein behelfsmäßiges Zwischenstadium auf dem Wege zum eigentlichen Ziel: dem plastischen Bauwerk.

Da das praktische Erreichen dieses Zieles der Kraft des Einzelmenschen verwehrt ist und es Hunderter von fremden Händen bedarf, um es zu erreichen, muß er eine Maschinerie erfinden, um diese fremden Hände zu lenken. Er muß seinen schöpferischen Willen mechanisch auf die Willensträger übertragen können, die er nicht nur an der Baustelle, sondern in den verschiedensten Werkstätten der Stadt für sich in Bewegung setzt.

Das bezieht sich nicht etwa auf nur die allgemeinen Gesamtgedanken des Bauwerks, nein, diese Willensübertragung muß bis in die kleinsten Einzelheiten eines Werkes funktionieren, wenn dieses ein persönliches Kunstwerk werden soll. Gerade von dieser Seite unserer Tätigkeit pflegt die Allgemeinheit in der Regel sich keinerlei Begriffe zu machen. Sie nimmt im allgemeinen den im übersichtlichen Maßstab von 1:100 gezeichneten »Entwurf« als die den künstlerischen Ansprüchen genügende Leistung. Daß nun erst zahllose einzelne Schwierigkeiten gelöst werden müssen, wenn man auf den Maßstab 1:50 und dann 1:20 übergeht, und daß man dabei seine Maße auf Millimeter abstimmen muß, kommt den wenigsten zum Bewußtsein. Vollends aber begegnet man seltsam oft einem unverhohlenen Erstaunen, wenn sich herausstellt, daß der Künstler jede Form, die an seinem Bauwerk vorkommt, in natürlicher Größe durcharbeitet, was natürlich nur im Zusammenhang aller ineinandergreifenden formalen und konstruktiven Teile geschehen kann. In Wahrheit gibt erst diese Arbeit am Naturdetail seinem Werke den ausschlaggebenden Stempel. Selbst der erfahrenste Architekt wird immer wieder erleben, daß er erst im Maßstab der natürlichen Größe seine formalen Absichten voll zu überschauen und ihnen den charakteristischen Ausdruck zu geben vermag. Nur selten bleibt die Zeichnung 1:20 unverändert, wenn man in natürlicher Größe detailliert.

So schafft sich der Architekt mit zeichnerischen Mitteln ein Instrument, durch das er imstande ist, die zahlreichen Willenskräfte, die bei seinem Werke mitwirken, in seinen Willen zu bannen: Es ist so konstruiert, daß das Bauwerk, das entsteht, nicht nur in seinem allgemeinen Gedankengang, sondern bis ins einzelne herein einzig und allein so entstehen kann, wie er es beabsichtigt. Daß dieses zeichnerische Instrument an der Baustelle einer lebensvollen Handhabung bedarf, und daß hier noch viele unvorhergesehene Einzelheiten einer verständnisvollen Erledigung bedürfen, darf dabei nicht unerwähnt bleiben. Insbesondere die Behandlung des Materials, dieser wichtige Faktor bei der feineren Wirkung jedes Bauwerks, ist etwas, was nur an Ort und Stelle mit Sicherheit gelenkt werden kann.

So ist der Weg lang, der von der Idee zum ausgeführten Werke führt, und es ist unvermeidlich, daß nicht auf ihm manches von dem ursprünglich Gewollten verlorengeht. Teils geschieht das durch die äußeren Umstände, die man nicht in seiner Macht haben kann, zum nicht geringen Teil aber auch durch das, was wir eigentlich in unserer Macht haben sollten, nämlich durch unser eigenes Tun. Es bleibt keinem werdenden Architekten erspart, gerade auf dem Gebiet des Detaillierens schwere Enttäuschungen an sich selber zu erleben. Erst dem sehr erfahrenen Architekten gelingt es, aus der heiligen Schale seiner Idealvorstellung auf dem langen Wege des Schaffens nichts Wesentliches zu verschütten.

Die Ziele des Entwerfens

Wenn wir den Grundsatz der Ästhetik als richtig annehmen, »daß alle Kunst im Spieltrieb des Menschen wurzelt«, wird die Frage nach den Zielen des künstlerischen Schaffens der Baukunst höchst problematisch. Spiel hat kein Ziel außer sich selber, es ist Selbstzweck.

zitiert nach Jodl: Aesthetik der Bildenden Kunst, Verlag Cotta, Stuttgart 1917

Kein Zweifel, daß solch ein Spieltrieb bei jedem künstlerischen Tun eine Rolle spielt, aber bei der Architektur wird man schwerlich daran festhalten können, daß er ihre Wurzel ist. Ihre Wurzel ist nicht das Spiel, sondern die Not, eine ideelle oder eine materielle Not. Architektur wird den Ursprung aus Not nie ganz verleugnen und bei jeder neuen Aufgabe wird es schließlich, wenn man das Wort im wahrsten Sinne nimmt, immer eine neue Not sein, die zu bewältigen das praktische Ziel des Schaffenden ist. Das ideelle Ziel aber wird sein, die Not so zu meistern, daß ihre Überwindung wie ein »Spiel« wirkt.

Diese »Not« kleidet sich in verschiedene Formen. Die dem Architekten zunächstliegende ist die Not des Materials. Ein Bau ist der Kampf mit den Zwängen, die vom Baumaterial ausgehen. Diese Zwänge binden ihn in ganz bestimmte Maße, die er nicht überschreiten kann. Die Größe der gebrochenen Natursteine gibt ihm den Maßstab seiner architektonischen Absichten, die Balkenlänge setzt der Deckengestaltung ein Ziel, die Ziegelmaße bestimmen jede Gestaltung eines Loches oder eines Vorsprunges, die Gewölbespannungen beherrschen die Wandgestaltung. Überall findet die Ungebundenheit beliebiger Absichten eine Grenze. Und doch sind es gerade die Zwänge eines bestimmten Materials, aus denen der Künstler seine schönsten Wirkungen schöpft. Wenn man sieht, wie er das Steinwerk zu schöner Rustika bändigt, wie er das offene Sprengwerk der Decke fügt, als sei es gar nicht anders möglich, wie er die Herbigkeit des Ziegels in kraftvollanmutige Fugung verwandelt, wie er das Gewölbe aus der Stütze entspringen läßt, als sei es ein Ebenbild des Firmaments, dann weiß man, daß das künstlerische Geheimnis der Architektur eben in dem überlegenen Schalten mit diesen Zwängen liegt.

Nicht etwa das Bestreben, aller konstruktiven Zwänge Herr zu werden durch moderne Materialien, die sich jeder Zumutung anpassen oder durch das Überdecken des Ganzen mit einer verhüllenden geschmückten Schicht, bedeutet ein Überwinden der Materie; die wahre künstlerische Entmaterialisierung des Bauwerks, die ein Ziel alles schöpferischen Tuns ist, beruht auf der Fähigkeit, die Zwänge des Materials so zu künstlerischen Absichten zu benutzen, daß das Ergebnis wirkt wie etwas Gewachsenes, nicht wie etwas Zusammengesetztes. Man muß das Material so meistern, daß eben seine Zwänge und Nöte wirken als das erstrebte Motiv. Dann ist es vergeistigt und mit der Vergeistigung ein erstes Ziel des Schaffenden erreicht.

Ganz ähnlich wie diese Not des Materials muß die Not des Zweckes, dem das Bauwerk dient, überwunden werden. Sie kleidet sich in die Form eines geschriebenen oder eines ungeschriebenen Programms, das es zu erfüllen gilt.

Aber eigentlich handelt es sich nicht um die einfache Tatsache des Erfüllens. Man kann einem praktischen Zwecke auf eine Weise gerecht werden, die alle Tage vorkommt, ja die ebensogut auch ein bißchen anders sein könnte, und man kann ihm gerecht werden auf einmalige Art, die, ganz präzis den Umständen angepaßt, unverrückbar erscheint.

Dies Ziel der vollendeten Zweckerfüllung hängt nun

aber aufs engste mit einem Ziel zusammen, das daraus hervorgeht, daß der Schaffende sein Werk nicht als Einzelerscheinung, sondern eingespannt in einen großen allgemeinen Rahmen betrachtet. Erst dieser allgemeine Rahmen der Zeit gibt den wahren Maßstab für die Funktionen, deren Erfüllung es sich zum Ziele setzen muß. Es sind Funktionen sozialer Art, die unter dem Begriff kultureller Ziele gefaßt werden können. Oft genug handelt es sich in der Architektur der Großstadt um das scheinbar ganz primitive Ziel, das zur Wahrung der Menschenwürde Notwendige zu erringen. Auch außerhalb des Wohnwesens der Massen, wo die Schwierigkeiten, die diesem scheinbar so selbstverständlichen Ziel entgegenstehen, ja deutlich genug bekannt sind, gilt es häufig, für allgemeine öffentliche Einrichtungen erst den Typus zu finden, der den Massenbetrieb erträglich macht. Wenn man vergleicht, was unsere Zeit im Verhältnis zu früheren Epochen an baulichen Organismen aus dem Nichts der Traditionslosigkeit zu schaffen hat, bekommt man erst den richtigen Maßstab für die ungeheuren Ansprüche, die an sie gestellt werden. Bis zum Anfang des 19. Jahrhunderts konnte das, was wir Architektur nennen, sich im wesentlichen (neben dem Wohnhaus) an Kirche, Rathaus und Fürstensitz ausleben. An diesen Aufgaben entwickelte sie die Keime, die von einer Lösung zur nächsten führten, und vermochte in diesem klar umgrenzten Rahmen alle ihre Errungenschaften gleichsam wie Schätze zu häufen. So kommt es, daß sich bestimmte Typen mit innerer Selbstverständlichkeit herausbildeten, die in der Gleichartigkeit ihrer künstlerischen Sprache das zeigen, was wir »Stil« nennen. Es ist der künstlerische Kultur-Ausdruck für eine bestimmte Zeitepoche.

Man sollte denken, daß es ein natürliches Ziel alles künstlerischen Schaffens sein müßte, solch einen als »Stil« erkennbaren Zeitausdruck auch für die Epoche zu finden, für die wir selber arbeiten. Es läßt sich wohl nicht leugnen, daß solch eine Sehnsucht den Architekten manchmal bei seinem Tun durchzieht, aber er würde trügerischem Schatten nachjagen, wenn er versuchen wollte, bestimmte Prägungen des Tages als solch ersehnten Stilausdruck zu bevorzugen. Ist es unserer Zeit vergönnt, aus der Fülle der sie durchflutenden Erscheinungen heraus einen bestimmten Stil zu finden, so kann das nur unbewußt geschehen: Stil wird nicht gemacht. Erst eine spätere Epoche kann erkennen, ob ein solches gemeinsames Element die maßgebenden Werke einer Zeit durchwebt und vermag dann auch anzugeben, worin sein Wesen beruht. Angesichts der früher nicht gekannten, ungeheuren Aufgabe, an immer neuen Problemen unsere Gestaltungskraft zu erproben, ist es ziemlich unwahrscheinlich geworden, daß wir je wieder zu einer so bestimmt umrissenen Sprache kommen werden, wie frühere Epochen sie auf formalem Gebiete besaßen. Es hat immer der gebieterischen Macht der Kirche oder eines absoluten Monarchen bedurft, um ein Formensystem zu sanktionieren, das nun als selbstverständlicher Ausdruck in allen Schöpfungen der Zeit wiederkehrt. Je demokratischer eine Zeitepoche wird, um so unwahrscheinlicher wird dieser Vorgang einer bestimmten Formprägung schon aus diesem Grunde. Kommt dazu die Mannigfaltigkeit der Probleme, so wird man noch zweifelhafter, ob wir noch einmal der Segnung einer allgemeingültigen Formensprache im Sinne früherer Zeitepochen teilhaftig werden können.

Diese Erkenntnis muß uns ein Ansporn dazu sein, den Ausdruck des kulturellen Wesens unserer Zeit nicht in Formen irgendwelcher Art zu suchen, sondern in der charaktervollen Gestalt der baulichen Organismen, die wir zu schaffen haben. Der Organismus selber ist die unserer Zeit gemäße Form, nicht das, was sich im einzelnen an ihm ausgebildet zeigt. Die Art, wie diese organische Form des Bauwerks geprägt wird, kann vielleicht doch Züge an sich tragen, die als gemeinsames Gut unserer Zeit erscheinen und den Stilbegriff früherer Epochen umwerten.

Wenn wir uns hier noch einmal klarmachen, daß das zu einem Teil aus den Bedürfnissen des Werkes selber, zum anderen Teil aus den Bedürfnissen der städtebaulichen Situation geschieht, so sieht man, daß nicht nur die kulturelle Physiognomie des betreffenden Sonderprogramms, sondern in ebenso hohem Grade die kulturelle Physiognomie der ganzen Stadt, in die sich das Werk einfügt, maßgebend wird für den Charakter einer Schöpfung. Und das ist wichtig. In unseren künftigen Städten wird der Einzelbau wahrscheinlich

Formen werden
Organismen
vgl. Liers Kategorie
der Synergie

56

nicht dieselbe Rolle spielen wie in früheren Kunstepochen. An die Stelle des Interesses, das er als Einzelkunstwerk hervorruft, wird das Interesse an der Gesamtheit einer städtebaulichen Absicht treten, in der er seine Rolle spielt. Daraus ergibt sich nicht etwa als Notwendigkeit, daß der Einzelbau kein lebendiges Eigenleben führen darf. Das Eigenleben kann unter Umständen gerade in großen Zusammenhängen zu gewaltigen Wirkungen gesteigert werden, die der vereinzelt aufgefaßte Bau sich nie würde erlauben können. Alle neueren Versuche, die ertötende Einförmigkeit der Höhenbestimmungen unserer Großstadtbauten zu sprengen, können beispielsweise nur Erfolg haben, wenn man ein » Hochhaus« nicht als Einzelerscheinung, sondern als Bestandteil eines ganzen Stadtstückes behandelt und betrachtet. Wohl aber ergibt sich aus solcher Entwicklung, daß man die Entfaltung seiner architektonischen Effekte nach ganz anderen Gesichtspunkten einstellen wird, wie es bisher geschieht. Nicht der einzelne Bau, sondern ein ganzer Architektur-Komplex wird maßgebend für das, was das künstlerische Gefühl verlangt.

So muß sich auch in diesem Zusammenhange eine Entmaterialisierung vollziehen, das heißt ein Abstreifen der Fesseln, die in der einseitigen Einstellung auf die zunächstliegenden Eigenziele der Aufgabe bestehen, zugunsten einer Idee, die ihre Wurzeln außerhalb der Aufgabe selber hat.

6. Ein Notationssystem für Stadtbild-
beschreibung und Stadtbildentwurf

Johannes Uhl (1973)

Das Notationssystem verwendet ein gezeichnetes Vokabular, das dem Gegenstand Architektur medienverwandter ist als die Sprache der Wörter. Der Text dient hier nur als Einführung und Erläuterungsgrund, auf dem sich die gezeichneten Zeichen leichter abbilden lassen.

Architektur enthält oppositionelle Eigenschaften: ihre bildhafte Ganzheit und ihre vielfache Lesbarkeit. Die analytischen Zeichnungen zergliedern das Bauwerk in Bildausschnitte und Strukturebenen (vielfache Lesbarkeit); sie setzen es in den Überlagerungsformen der Bildausschnitte und Strukturebenen wieder zusammen (bildhafte Ganzheit). Zeichnungen 1, 2, 3.

Das Bauwerk geht unzählige Bindungen ein und löst sie: es verbindet sich mit dem Standort und der Umgebung, wird von hierher vorbestimmt und trägt eine neue räumliche Interpretation und Bestimmung in seine Umgebung hinein; es nimmt die Bedingungen der Nutzung an $(Z1)$ und bindet sie ein in ein räumliches, erschließbares, erkennbares Gefüge, es unterwirft sich der Größenordnung, zerlegt sie in drei Dimensionen und ordnet sie nach den Gesetzen des Raums; es verwendet Regeln des Materials und der Konstruktion $(Z 2)$, um gedankliche Struktur und gedanklichen Raum in mechanische Struktur und statischen Raum zu überführen. Form geht, als Variable mit der größten Spannweite in jeden der Überlagerungsprozesse ein $(Z 3)$. Sie gewinnt Regeln und Muster aus den Dimensionen, die vorgegeben sind, aus der Elementierbarkeit und Wiederholung der Nutzung, aus dem molekularen Aufbau der Materialien, aus den Strukturgesetzen der Konstruktion. Jede der Bedingungen muß im Bauwerk mit sich selbst und mit allen

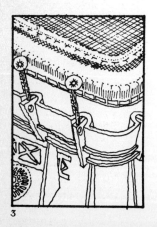

58

anderen in Einklang gebracht werden. Die Wahrnehmung dessen, der um das Gebäude herumgeht, eintritt, es besitzt, ihm Identität mit der eigenen Vorstellung abgewinnt, muß die Einmütigkeit aller aufeinander einwirkenden Bedingungen spüren können, muß aus den Signalen der Treppenhäuser, aus der Lastenverteilung der ordnenden Glieder in der Waagrechten und in der Senkrechten, aus der Führung von Sonne und Licht hinter die Fenster und Brüstungen das Bauwerk als ein Ganzes lesen können: als zeichenhafter Bestandteil im großen Zusammenhang Stadtraum, Ort individueller Wünsche und Vorstellungen.

4

Das Bauwerk wird wahrgenommen in Bildausschnitten, die von der Sehweise des Betrachters abhängen. Zeichnungen 4, 5, 6, 7, 8.

5

Die physische Unbeweglichkeit des Bauwerks ist die visuelle Ausnahme; denn je nach dem gewählten Standort des Betrachters, je nach der Geschwindigkeit, mit der er sich dem Bauwerk nähert, es durchquert, sich in der Nutzung orientiert und es wahrnimmt im funktionellen Gebrauch – je nachdem wird er die den Raum ordnenden Gesetzmäßigkeiten in anderen Überlagerungen gewahr.

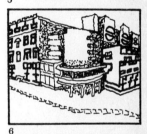

6

Die Schwierigkeit des Entwerfens liegt darin, die wechselnden Ansichten, die beliebig möglichen Bildausschnitte und ihre kaleidoskopische Verschränkung im Raum *vorauszusehen*, sich die Muster zeichnerisch vor Augen zu führen, die entstehen können, wenn ein imaginärer Betrachter Bildausschnitte auswählt. Die Bildausschnitte entstehen in der Synopse, im Zusammensehen verschiedener Teile des Bauwerks für einen Augenblick, für eine Begegnung, in einem Bild, und dieses Bild ist abhängig von der Dauer der Betrachtung, von der Vorinformation des Betrachtenden, von seiner Bereitschaft und von seinem Vermögen, Zeichen zu bilden und zu lesen. Diese Analyse stellt sich die Bedingungen der Wahrnehmung in zwei verschiedenen Abhängigkeiten vor:

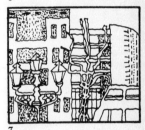

7

– abhängig von der Bewegungsart des Betrachters (Sequenzcharakteristiken), der das Gebäude oder das Viertel überfliegt *(Z4)*, per Auto durchfährt *(Z5)*, mit dem Fahrrad durchstreift, zu Fuß erläuft *(Z6)*, sich sitzend, stehend, aus dem Fenster sehend hier aufhält;

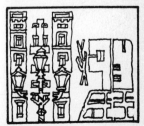

59

8

9

10

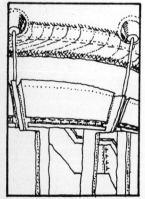

– abhängig von der Verweildauer des Betrachters oder seiner sozialen Zugehörigkeit (Maß und Art der Vorinformation), der in diesem Gebiet ortsansässig ist seit Generationen, der es bewohnt, der hier seinen Beruf ausübt oder der es als Besucher vorübergehend aufsucht.

Bildausschnitte schneiden zwar einzelne Teile aus dem komplexen Ganzen des Bauwerks aus, doch sie selbst sind nicht weniger komplex als dieses. Bildausschnitte sind wie Moleküle von Komplexität, die aus der gebauten Verbundform herausgelesen werden, die Haus heißt oder Straße oder Stadtviertel. Für das Notationssystem leitet sich hieraus ab, daß auch ein Gebäude als Ganzes oder ein Straßenprofil in der Perspektive als Bildausschnitt gesehen, geschlossen interpretiert und gezeichnet werden kann *(Z 7)*. Die Analyse bleibt dabei nicht bei der gebauten Architektur stehen, sondern umschließt dies alles: die Negativformen zwischen den Gebäuden, die Bäume, Mauern und Kioske, Verkehrsmittel und Straßenmöblierung. *(28)*

Die zeichnerische Analyse grenzt drei Maßstabsfelder gegeneinander ab, in denen Beschreibung und Entwurf vorgeordnet werden können: Zeichnungen 9, 10, 11
– städtebaulicher Maßstab (Z 9)
– Gebäudemaßstab (Z 10)
– instrumenteller Maßstab (Z 11).

Je nach Aufgabenbereich der Analyse können beliebig viele Maßstabsfelder gefunden und eingeteilt werden; für die beispielhafte Beschreibung der Methode, der kein eingeschränktes Aufgabenfeld vorgegeben ist, sind drei Maßstabsfelder ausgewählt worden, die sich in ihrer möglichen inhaltlichen Aussage und in ihrer Aussageform wesentlich unterscheiden.
– Der städtebauliche Maßstab soll in der Darstellung (die Wahrnehmung liest andere Maßstäbe) etwa den Bereich vom Maßstab 1:1000 bis zum Maßstab von Kartierungen umfassen;
– der Gebäudemaßstab wird in der Darstellung etwa vom Maßstab 1:100 bis zum städtebaulichen Maßstab angesetzt;
– der instrumentelle Maßstab soll den Bereich vom Maßstab 1:1 bis zum Maßstab 1:100 beschreiben.

11

Die Abgrenzung in aufeinanderfolgende Maßstabsfelder bereitet die Analyse der Bildausschnitte im Verfahren der Desuperierung vor: der Bildausschnitt im städtebaulichen Maßstab kann als Superzeichen interpretiert werden, das die visuellen Informationen der anderen Maßstäbe überlagert und zusammenfaßt, der die Zeichenelemente und die Zeichengefüge der anderen Maßstäbe verdichtet zu besonders auffälligen (syntaktische Ebene) und bedeutsamen (sematische Ebene) visuellen Informationen. Der Gebäudemaßstab legt, im theoretischen Modell, eine mittlere Zeichenebene aus, in der die Bildausschnitte Teile komplexer Information enthalten, die als einzelne weniger auffällig und bedeutsam sind als die Zeichen der Superzeichenebene – sie sind nicht »auf den ersten Blick« wahrnehmbar –, die jedoch die visuelle Information der Superzeichen verifizieren und in sich die Möglichkeit tragen, zu Zeichen der nächsthöheren Zeichenebene überlagert zu werden. Der instrumentelle Maßstab liefert visuelle Informationen im Detail: zum Teil als komplexe Zeichengefüge, zum Teil als Zeichenelemente von einfacher Struktur. Diese Detailzeichen können nur Teilaussagen für das ganze Gebäude werden, wenn sie die Möglichkeit der Überlagerung enthalten, wenn sie zusammen mit anderen Zeichen der gleichen oder einer anderen Strukturebene ein neues Zeichen der nächsthöheren Zeichenordnung bilden können.

12

So bestimmt sich jede der Maßstabsebenen im Hinblick auf die anderen; denn das Superzeichen des städtebaulichen Maßstabs wäre ohne die adjunktive, iterative oder superierende Zeichenentwicklung aus den anderen Maßstäben eben kein Superzeichen, sondern nur ein Zeichen und könnte der Forderung nach vielfacher Lesbarkeit, nach der Ambiguität der Erscheinung, nicht genügen.

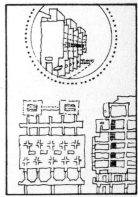

13

Die Interpretation des Bauwerks als Superzeichen einer bestimmten Zeichenordnung oder Maßstabsebene richtet sich gegen die Auffassung vom Bauwerk als endgültige Form, als Lösung ohne Alternative. Bauwerk wird hier vielmehr als eine Stufe betrachtet, in der die Verdichtung oder Superierung der Zeichenentwicklung angehalten worden und ihre relative Verbindlichkeit von einer bestimmten Betrachtungsweise

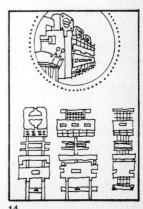

14

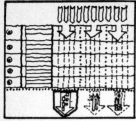

15

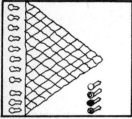

16

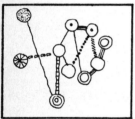

17

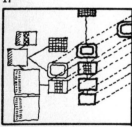

18

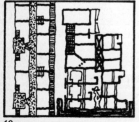

19

aus als absolute erklärt worden ist, für die es aber vorstellbar ist, daß in einem anderen Maßstab, in einer anderen Zeit, unter Einwirkung anderer Strukturbedingungen das Superzeichen wieder zum Zeichen wird, um neu überlagert oder interpretiert zu werden. In dieser Weise läßt sich auch die Einbindung historischer Bausubstanz oder die Übernahme historischer Ordnungen begreifen: die Bauformen, die eine vergangene Zeit für ihre Bedeutungsmuster entwickelt hat, können nicht mehr in diesen, jetzt musealen Bedeutungsmustern für die gegenwärtige Stadt interpretiert werden, und es ist müßig, solches zu tun. Die historischen Bauformen müssen als Zeichen mit vorwiegend ästhetischer Funktion in einem Muster gegenwärtiger Stadtgestaltung mit neuen Bedeutungen beansprucht werden.

Im Bauwerk erscheinen drei Strukturebenen als wesentliche. Die zeichnerische Methode isoliert sie vorübergehend, Zeichnungen 12, 13, 14:
– die Strukturebene der Nutzung (Z 12, 15–19)
– die Strukturebene der Konstruktion (Z 13)
– die Strukturebene der visuellen Regeln und Muster (Z 14, 20–24).
Für eine bestimmte Entwurfsaufgabe werden sich auch hier andere oder mehr oder zusammengesetzte Strukturebenen finden lassen oder verwendet werden müssen; die erste Vorstellung der zeichnerischen Methode kann hier nur mögliche Formeln vorgeben, sie ist weder ausführlich noch vollständig.
Die Strukturebenen der Nutzung, der Konstruktion und der visuellen Regeln und Muster werden hier nur phänomenologisch untersucht, das bedeutet, sie werden untersucht, inwieweit sie als Form erscheinen und Form erzeugen. Die Strukturebene der Nutzung beschreibt also nicht die Nutzung allein, sondern die Wirkungsweise der Nutzung als Ordnungsprinzip. Ebenso wird in der Strukturebene der Konstruktion das konstruktive Gefüge nicht allein unter statischen Gesichtspunkten dargestellt, sondern als Gliederungsprinzip des Baukörpers.
Die Zeichnungen beschreiben die verschiedenen Strukturebenen und gliedern sie soweit wie möglich auf.
Die Strukturebene der Nutzung wird zerlegt in die

Dimension der Nutzungsbeschreibung (Nutzungsschlüssel), die die verschiedenen Bestandteile von Nutzung aufzählt *(Z 15)*; in die Dimension der Nutzungszuordnung *(Z 16, 17)*, die die räumliche Verteilung der Nutzungsbestandteile leistet, und in die Dimension der Nutzungsbewertung *(Z 18)*, die die Nutzungsverteilung unter bestimmten Gesichtspunkten hierarchisch strukturiert (zum Beispiel die graduelle Abstufung von Öffentlichkeit zu Privatheit).

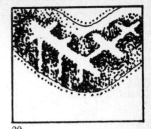

20

Die Erschließung eines Gebäudes, die die Nutzungsbewertung im Gebäudemaßstab abbildet und die Nutzungsverteilung dort realisiert, kann auch als gesonderte Strukturebene eingeführt werden, sie wird dann als Aussage des Bautyps zum Bestandteil der Analyse *(Z 19)*.

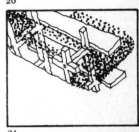

21

In der Strukturebene der Konstruktion werden durch die analytischen Zeichnungen im wesentlichen zwei Aussagen getroffen: zum konstruktiven Gefüge und zu den Bemessungsgrundlagen der Statik, die die konstruktiven Glieder dimensionieren. Das konstruktive Gefüge kann präzisiert werden bis zum konstruktiven Detail, und die Aussage zur Bemessung kann verfolgt werden bis in die Bedingungen der Bauphysik.

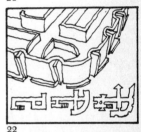

22

In der Strukturebene der Form werden hier Regeln und Muster unterschieden. Als Regeln werden die Formgesetze bezeichnet, die sich in allen Medien auffinden lassen und die durch Abstraktion die Transposition von Formen von einem Medium in ein anderes ermöglichen. Sie sind deshalb nicht weiter abstrahierbar und zerlegbar (zum Beispiel die Gesetze der Geometrie, der Variation, der topologischen Beziehungen . . .). Demgegenüber sind die Muster in sich geschlossene Formgegebenheiten von Architektur oder anderen Medien. Sie zeigen sich als Anwendungen der Regeln in den Gesetzen bestimmter Medien; sie sind deshalb zerlegbar und verwandelbar, aber nicht in jedem Fall übertragbar in ein anderes Medium (zum Beispiel: Gräte, Kamm, Mäander, Labyrinth).

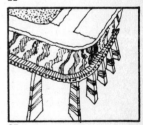

23

Die analytischen Zeichnungen tragen hier fünf verschiedene Aussageformen innerhalb der Strukturebene der visuellen Regeln und Muster vor:
– Raumkonzepte *(Z 20)*
– raumbildende Elemente *(Z 21)*
– Form, Formprozesse *(Z 22)*

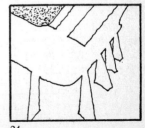

24

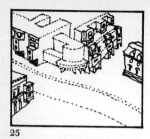

25

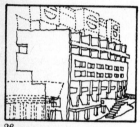

26

27

– Farbigkeit *(Z 23)*
– Materialhaftigkeit *(Z 24)*.
Alle die Strukturebenen, die hier analytisch beschrieben werden, werden in den verschiedenen Maßstabsfeldern in unterschiedlichen Ausschnitten erkennbar. Oder anders: Jede Strukturebene kann als Bautyp zum Kürzel für das Ganze werden.

Im städtebaulichen Maßstab wirken die visuellen Regeln und Muster nur noch als Raumkonzept, die Konstruktionsform gerinnt zur Baustruktur und die Nutzung ist nur als Nutzungssymbol (zum Beispiel: Bürotürme, Wohnbebauungszüge, historisierende Rathausformen in Berlin) ablesbar *(Z 25)*.

Im Gebäudemaßstab treten die visuellen Regeln und Muster hinter die Konstruktionsform zurück, oder anders, das konstruktive Gefüge und das Erschließungsmuster werden hier als strukturierende visuelle Ordnungsmuster wahrgenommen *(Z 26)*.

Im instrumentellen Maßstab reduziert sich die Konstruktionsform zum funktionierenden Detail, werden auch die Formen zum Bestandteil von Nutzung (z. B. Einrichtung) und als solche wahrgenommen *(Z 27)*.

Nun erhalten aber die Strukturebenen nicht nur innerhalb der verschiedenen Maßstäbe allgemein verschiedene Wertigkeiten, sondern sie wirken sich auch innerhalb des bestimmten Entwurfs unterschiedlich aus, werden in verschiedener Weise in verschiedenen Bereichen des Bauwerks formbestimmend. Das Kompositionsschema kann die Wirkungsweise der verschiedenen Strukturebenen lokalisieren, das bedeutet, sie an dem Ort bezeichnen, wo sie auffällig werden *(Z 28)*. Bei dem dargestellten Gebäude in Berlin ist es die Nutzung, die als Erschließung auf der Hofseite dominant wirkt, während auf der dem historischen Schloß zugewandten Seite, die keine Erschließungselemente enthält, das Formkonzept der runden Köpfe über den Pappelreihen vorherrscht und die konstruktive Struktur sich erst in den unteren Geschossen abbildet und visuell wirksam wird. Die Verteilung der Wirksamkeit der verschiedenen Strukturebenen im Raum kann die Lesfolgen des Betrachters vorordnen und teilweise vorbestimmen; das Kompositionsschema hält diese Verteilung in der Zeichnung fest und leistet damit einen Teil dieser Vorbestimmung für den Entwurf.

28

Die Merkmale der verschiedenen Strukturebenen über-
lagern im Bauwerk. In der Überlagerungsform bilden
sich Bedeutungen ab. Die Festlegung der Überlage-
rungsform ist Komposition. Zeichnungen 29,30,31,32,33.

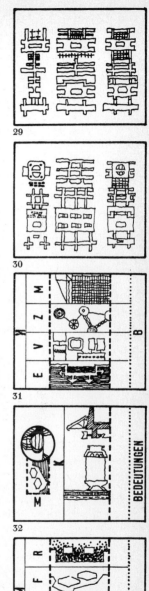

Architektur überlagert: die Merkmale der einzelnen
Strukturebenen untereinander und die Merkmale der
verschiedenen Strukturebenen miteinander. Die analytischen Zeichnungen untersuchen die Überlagerung
zuerst innerhalb der einzelnen Strukturebene: zum
Beispiel können sich in der Strukturebene der Konstruktion die Merkmale verschiedener Konstruktions-
weisen überlagern und sich gegenseitig verändern
(Konstruktion + Konstruktion), oder es können umgekehrt auf der Ebene der visuellen Regeln und
Muster die Merkmale der Fassadengliederung von den
Merkmalen des Materials beeinflußt werden (Form +
Form Z 29). Nun werden diese Überlagerungen durch
den Einfluß der verschiedenen Strukturebenen aufeinander weiter überformt: zum Beispiel kann die
Festigkeit der richtig bemessenen konstruktiven Form
umgedeutet werden durch die Ansprüche des Form-
konzepts (Form + Konstruktion, Z 30). Es kann die
Verteilung der Nutzungselemente durch die überlagerten Merkmale der Raum- und Farbkonzepte soweit
umschrieben werden, daß entweder eine Verfestigung
der Nutzungsstruktur (Raumkonzept komplementär
zur Nutzungsverteilung) oder eine Ambivalenz der
Nutzungsstruktur (Raumkonzept kontradiktorisch zur
Nutzungsverteilung) entsteht.
Die Formen, die aus der Überlagerung der Struktur-
merkmale gebildet werden, übermitteln Bedeutung:
in dem Entwurf für eine Stadtsanierung in Berlin-
Kreuzberg wird der Einkaufsweg als dreiseitig um-
schlossene Rinne geführt, die raumbildenden Elemente sind das Pflaster, die Glasfronten, die über-
schattenden Jalousien. Durch die dreiseitige Um-
schließung wird der Benutzer, der Käufer, geführt,
spürt er die Führung. Dieser Weg wird in einem bestimmten Formkanon gebildet (visuelle Regeln und
Muster): im Grundriß schiefwinklige Formmuster, im
Schnitt Rechtwinkligkeit. Das Formmuster im Grundriß verzerrt die Geradlinigkeit des Weges zu einer labyrinthischen, nicht leicht überschaubaren Situation. Die

65

Seitenwände, Vitrinen, sind aus Glas, das Material Glas grenzt ab, spiegelt und facettiert und überträgt so die Unüberschaubarkeit des Grundrisses auch in den Schnitt. Die Nutzungsbedeutung in diesem labyrinthischen Weg ist die überraschende Mischung verschiedener Verkaufsangebote (Strukturebene der Nutzung), aus denen der Nutzer durch Uminterpretation aufgefordert wird auszuwählen. Der Weg insgesamt, der als Bautyp eine Passage, als Konstruktionsform eine Brücke (Strukturebene der Konstruktion) bildet, ist die Summe der Bedeutungen, die in jeder der einzelnen Strukturebenen als Teilbedeutung vorgetragen werden (Z 31, 32, 33).

Scheinbar so konsequent liest sich hier die Analyse auf der Ebene des einzelnen Bauelements; im Zusammenhang des ganzen Bauwerks oder Stadtviertels verschränken sich die Analysebestandteile wieder zu unkontrollierbaren Zuständen, entwächst das Maß des Zufälligen dem analytischen Zugriff.

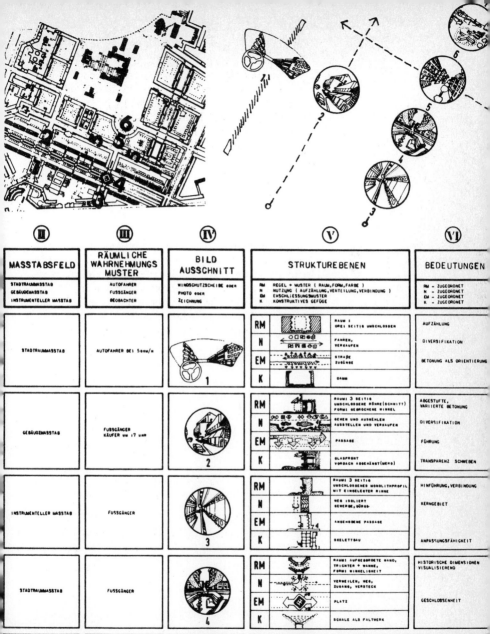

MASSTABSFELD	RÄUMLICHE WAHRNEHMUNGS MUSTER	BILD AUSSCHNITT	STRUKTUREBENEN		BEDEUTUNGEN
STADTRAUMMASSTAB GEBÄUDEMASSTAB INSTRUMENTELLER MASSTAB	AUTOFAHRER FUSSGÄNGER BEOBACHTER	WINDSCHUTZSCHEIBE oder PHOTO oder ZEICHNUNG	RM REGEL + MUSTER (RAUM, FORM, FARBE) N NUTZUNG (AUFZÄHLUNG, VERTEILUNG, VERBINDUNG) EM ERSCHLIESSUNGSMUSTER K KONSTRUKTIVES GEFÜGE		RM – ZUGEORDNET N – ZUGEORDNET EM – ZUGEORDNET K – ZUGEORDNET
STADTRAUMMASSTAB	AUTOFAHRER BEI 50km/h	1	RM N EM K	RAUM: DREI SEITIG UMSCHLOSSEN / FAHREN, VERKAUFEN / STRAßE ZUGÄNGE / DAMM	AUFZÄHLUNG DIVERSIFIKATION BETONUNG ALS ORIENTIERUNG
GEBÄUDEMASSTAB	FUSSGÄNGER KÄUFER UM 17 UHR	2	RM N EM K	RAUM: 3 SEITIG UMSCHLOSSENE RÖHRE (SCHNITT) FORM: GEBROCHENE WINKEL / SEHEN UND AUSWÄHLEN AUSSTELLEN UND VERKAUFEN / PASSAGE / GLASFRONT VORDACH ABGEHÄNGT (NEU)	ABGESTUFTE, VARIIERTE BETONUNG DIVERSIFIKATION FÜHRUNG TRANSPARENZ SCHWEBEN
INSTRUMENTELLER MASSTAB	FUSSGÄNGER	3	RM N EM K	RAUM: 3 SEITIG UMSCHLOSSENES MONOLITHPROFIL MIT EINGELEGTER RINNE / WEG ISOLIERT GEWERBE, BÜROS / ANGEHOBENE PASSAGE / SKELETTBAU	HINFÜHRUNG, VERBINDUNG KERNGEBIET ANPASSUNGSFÄHIGKEIT
STADTRAUMMASSTAB	FUSSGÄNGER	4	RM N EM K	RAUM: AUFGEBORDETE WAND, TRICHTER + WANNE, FORM: WINKELIGKEIT / VERTEILEN, WEG, ZUGANG, VERSTECK / PLATZ / SCHALE ALS FALTWERK	HISTORISCHE DIMENSIONEN VISUALISIEREND GESCHLOSSENHEIT
INSTRUMENTELLER MASSTAB STADTRAUMMASSTAB	FUSSGÄNGER	5	RM N EM K	RAUMRINNE MIT EINZELELEMENTEN DURCH HIST. KULISSEN SEGMENT (ZWEISCHALIGKEIT) / SOZIALER VERBUND / LAUBENGANG (NEUBAU) SPÄNNER (ALTBAU) / SCHOTTENBAU (NEU) MASSIVBAU (ALT)	HISTORISCHE DIMENSIONEN VISUALISIEREND ABGESTUFTE INTERPRETATION

Teil II

Anschauung und Wirkung von Architektur und Kunst

Vorbemerkung

Das Kapitel enthält nur einen Aufsatz und diesen in Teilen: »Das Problem der Form in der Bildenden Kunst« von Adolf Hildebrand, der 1893 erstmals erschienen ist und 1913 von Karl Bühler in der Einleitung zu seinem Buch »Die Gestaltwahrnehmungen« aufgenommen und interpretiert wird. Diese Einleitung von Karl Bühler steht in der Randspalte zum Text.

Aus dem Aufsatz von Adolf Hildebrand, der insgesamt über 80 Druckseiten umfaßt, wurde der Abschnitt ausgewählt, der die Unterscheidung von Daseinsform und Wirkungsform an Werken bildender Kunst (und so auch an der Architektur) als Kategorien von Anschauung festlegt, beschreibt und begreiflich macht. Die Daseinsform ist das, was ist; sie umfaßt alle Teile, aus denen ein Werk (ein Bauwerk) besteht, gleichgültig, ob diese Teile sichtbar, zum Teil sichtbar, ganz verdeckt oder umhüllt sind; gleichgültig, ob sie in ihrer realen oder einer anderen, imaginären Größe wahrgenommen werden; gleichgültig, ob sie auf den ersten oder mit dem letzten Blick beeindrucken. Die Wirkungsform eines plastischen Gegenstands, einer Architektur, ist das, was wirkt als optisches Bild, gleichgültig, wie es in der Realität auch beschaffen sein mag.

Die Daseinsform der Architektur, wie die konstruktiven Zeichnungen sie beschreiben, zusammengesetzt aus Grundriß, Ansicht und Schnitt, gibt es in der Realität des optischen Bildes nicht. Doch die Realität des optischen Bildes ist der Reiz, mit dem Architektur Eindruck hervorruft, Helligkeit oder Dunkelheit verbreitet, Schutz anbietet, Furcht erweckt. In die Daseinsform muß die Wirkungsform eingedacht, eingearbeitet, in ihr vorentschieden werden. »Stellt der Architekt die Daseinsform nur aus Daseinsgründen fest«, schreibt Hildebrand, »also nicht nach Maßgabe der Wirkung, die sie an Ort und Stelle zu machen hat – so hat er nicht für das Auge geschaffen und hat die künstlerische Gestaltung noch nicht begonnen.« Nicht für das Auge schaffen heißt aber, das Auge verletzen . . .

Die Wirkungsform ist eine Abhängige des Maßstabs: Hildebrand unterscheidet die Merkmale der Nähe und die Merkmale der Ferne als Oppositionen der Wirkung. Die Merkmale der Nähe sind der Daseinsform am nächsten gerückt – dort, wo das optische Bild durch Anfassen, Tasten korrigiert werden kann –, die Merkmale der Ferne ignorieren die Daseinsform der Teile und ziehen sie zu einer großen, prägnanten Form zusammen. Die Maßstabebenen für die Architektur nennen das Fernbild, das das Gebäude auf einen Gebäudetyp reduziert, den städtebaulichen Maßstab, nennen das Nahbild, das sich mit der Wahrnehmung durch Nutzung vermischt, den instrumentellen Maßstab, und legen noch eine wichtige Differenzierungsebene dazwischen, den Maßstab des Gebäudes, das, größer und näher, als ein Blick es umfassen könnte, durch die *Wahrnehmung* in Bildausschnitte zerlegt und erst in der erinnerten *Vorstellung* des Nutzers wieder zum Gebäude zusammengesetzt wird. Alle Teilwirkungen der Bildausschnitte und ihr Zusammenwirken im Fernbild oder in der Erinnerung müssen in der Daseinsform vorausbestimmt sein, oder umgekehrt, die Daseinsform muß alle, den verschiedenen Maßstäben zugehörigen Zeichenebenen abbilden können, damit die individuelle Anschauung sich darin finden kann.

1. Das Problem der Form in der bildenden Kunst

Adolf von Hildebrand (1893)

Ein weiterer Hauptpunkt in meinem Buche ist die Unterscheidung von Daseins- und Wirkungsform. Ohne diese Unterscheidung klar erfaßt zu haben, ist ein Verständnis meiner Darlegung überhaupt nicht möglich und ich möchte mich deshalb auch hierüber näher auslassen. Die Begriffe von Daseins- und Wirkungsform lassen sich am besten durch folgendes Beispiel erklären: Bei den engen Straßen in Genua, wo eine andere Ansicht der Paläste als die von unten ausgeschlossen ist, sind die Architekten darauf gekommen, das Kranzgesims nicht wie sonst in seiner wirklichen Höhenausdehnung zu gestalten, weil es von unten gesehen sich perspektivisch doch ganz zusammenschieben würde. Sie haben es vornübergeneigt und dagegen entsprechend niedriger gehalten und dadurch die Wirkung erreicht eines von weitem gesehenen aufrechten Gesimses. Die Wirkungsform ist dann dieser Formeindruck, wie er von unten aus gesehen zustande kommt, die Daseinsform dagegen ist die Form des Gesimses, wie es faktisch ist, ganz anders, als man vermutet. Geht jemand, nachdem er von unten den Formeindruck gehabt, hinauf und untersucht das Gesims in der Nähe, so wird er die Daseinsform direkt erkennen und getrennt von der Wirkungsform in sich aufnehmen. Aus diesem Beispiel läßt sich folgendes ersehen: Die Vorstellung der »Daseinsform« bezieht sich auf den Gegenstand selbst, also in diesem Falle auf das Gesims als auf ein reales Gebilde, – die Vorstellung der »Wirkungsform« dagegen auf das optische Bild des Gegenstandes, Gesimses. Hierin liegt der fundamentale Unterschied. Wo kein optisches Bild, gibt es auch keine Wirkungsform, zum Beispiel im Finstern, wo die Daseinsform fortexistiert und wir sie auch durch Tasten noch bestimmen können. Die Wirkungsform erhalte ich aus weiterer Distanz, hier von der Straße unten, aus dem rein optischen Bild des Gesimses in der Höhe, während ich das Gesims aus der Nähe betrachtend direkt plastisch mit dem Auge abtaste und damit direkt die Daseinsform konstatiere. Erst diese direkte plastische Wahrnehmung aus der Nähe gibt mir die Sicherheit über die wirkliche Daseinsform. Wir müssen deshalb die Fälle unterscheiden, wo wir vermöge der Wahrnehmung aus der Nähe direkt die Daseinsform erkennen und wo wir nur eine Wirkungsform, also ein ferneres optisches Bild erhalten, aus dem wir dann auf die Daseinsform schließen. Bei diesem Schluß können wir aber auch irren, wie obiges Beispiel zeigt. Denn ein und dieselbe Daseinsform kann je nach Beleuchtung und Standpunkt in ihren Proportionen sehr verschieden aussehen und andererseits können auch verschiedene Daseinsformen ganz dieselbe Erscheinung hervorrufen und dadurch zur selben Formvorstellung führen. Zum Beispiel eine Daseinsform, die einmal konkav, das anderemal konvex auftritt, ist an ihrer Erscheinung nicht zu erkennen, sondern nur dadurch, daß wir uns klarmachen, von welcher Seite das Licht kommt.

Insofern die Daseinsform die Formvorstellung von einem Realen bedeutet, ist sie eine von vielen Eigenschaften des Objektes, während die Wirkungsform den Gegenstand nur so weit gelten läßt, als er sich im optischen Bilde kennzeichnet. – Die Daseinsform ist demnach die Form, die das Objekt wirklich hat oder die wir als dem Objekte angehörig setzen. Sie besteht auch mathematisch gefaßt oder abgegossen. Mathematisch läßt sie sich freilich nur so lange bestimmen, soweit sie sich noch durch ein mathematisches Schema nachbilden läßt. Der Abguß bringt uns die Daseinsform nur insofern näher, als wir sie vom Naturmaterial isoliert an einem anderen, einfacheren wahrnehmen. Die Wahrnehmung der reinen Form wird dadurch wohl erleichtert, sie ist jedoch, sobald sie unregelmäßig wird, für die Anschauung immer das x, dessen positiven Inhalt wir erst durch Beobachtung mehr und mehr kennenzulernen und zu ergründen suchen. Bei der Daseinsform sehen wir davon ab, auf welche Weise wir zu ihrer Vorstellung gelangen, wir haben es nur mit ihr als Vorstellung einer Tatsache zu tun. Ein jeder produziert die Daseinsform des Objektes

2. Das Problem der Form in der bildenden Kunst

Karl Bühler (1913)

Das *Problem der Form*, das die Ästhetik der bildenden Künste beschäftigt, ist von niemandem klarer und präziser formuliert worden als von Adolf Hildebrand. Und ich denke, das ferne Endziel, das den psychologischen Untersuchungen dieses Buches vorschwebt, wird am besten dadurch umrissen, daß wir von den Leitsätzen Hildebrands ausgehen.

Ein Drama, eine Symphonie hat (eine) Architektur, (einen) inneren Bau, ist ein organisches Ganzes von Verhältnissen, ebenso wie ein Bild, eine Statue, wenn die verschiedenen Künste auch in ganz verschiedenen Formenwelten leben. Der Künstler schafft in seiner Formenwelt, der Genießende schafft ihm nach. Für die Psychologie erhebt sich die Frage: Was sind denn diese Formen? Wie sind sie für uns da? Organische Ganze von Verhältnissen, wie entstehen sie bei der Auffassung in unserem Bewußtsein?

Die Gebilde des Malers und Bildhauers haben ihre geometrischen Formen, Daseinsformen nennt sie

Hildebrand und unterscheidet von ihnen die Eindrücke, die sie uns vermitteln, als die Wirkungsformen.

Wenn der Architekt den geometrischen Querschnitt eines Gesimses aufzeichnet, so stellt er damit eine Daseinsform fest, die der Steinmetz plastisch aushauen soll. Die Zeichnung ist derart, daß der Steinmetz danach messen kann, und hat nicht den Zweck, die Formwirkung zu kennzeichnen. Diese tritt erst zutage, wenn der Steinmetz das Gesims ausgehauen und es, an seinem Orte angebracht, zu Gesicht kommt ... Der Architekt hat also eine Daseinsform festgestellt, die als Wirkungsform ihren Wert abgeben soll. Es schwebte ihm eine Formwirkung vor, zu der er die Daseinsform suchen mußte, welche an Ort und Stelle die gewünschte Formwirkung hat und dem Beschauer alsdann als Wirkungsform erscheint. Stellt der Architekt die Daseinsform nur aus diesen Gründen fest, also nicht nach Maßgabe der Wirkung, die sie an Ort und Stelle zu machen hat, so hat er nicht für das Auge geschaffen und hat die künstlerische Gestaltung noch nicht begonnen.

Geometrische Form und künstlerische Gestalt stehen danach in dem der Psychologie wohlbekannten Verhältnis von Reiz und Eindruck. Welche Beziehungen bestehen zwischen ihnen? Hildebrand beeilt sich, uns

unwillkürlich je nach der Kraft seiner plastischen Neugierde und seinem Vorstellungsvermögen. – Ob aus einem oder mehreren Wahrnehmungsfällen, ist dabei ganz gleichgültig, ebenso auch die Art der Wahrnehmung.

Untersuchen wir aber die Art der Wahrnehmung und das Material ihrer Vorstellung, so bestehen sie aus Bewegungsvorstellungen und fallen mit der plastischen Vorstellungsweise zusammen. Die Daseinsform kann mit Sicherheit nur aus der nahen plastischen Betrachtung gewonnen, aus dem rein optischen oder Fernbild aber immer nur geschlossen werden. In letzterem Fall ist das Fernbild und seine Wirkungsform nur Mittel zum Zwecke, an sich gleichgültig. Deshalb wäre es falsch, einerseits die Wirkungsform als einzelnen Wahrnehmungsfall der Daseinsform als dem eigentlichen Vorstellungsresultat gegenüberzustellen, denn die Wirkungsform ist weder die einzige Wahrnehmungsart für die Daseinsform, noch ist die Vorstellung der Daseinsform das eigentliche Vorstellungsresultat der Wirkungsform. Die Wirkungsform schließt nämlich auch die Beziehung einer Formvorstellung zu einem bestimmten Gesichtseindruck ein und ist deshalb der Ausgangspunkt einer Vorstellung der Form mit Festhaltung eines bestimmten Gesichtseindruckes, im Gegensatz zu der Vorstellung der Daseinsform als einem bloßen Formresultat, abgelöst vom Gesichtseindruck. Es schwebt uns dann eine bestimmte Formwirkung vor, die auf ihre notwendigen Faktoren zurückgeführt, ebenso von den jeweiligen Umständen des Einzelfalles abstrahiert und als Vorstellungsresultat sich vom zufälligen Einzelfall freimacht. Denn wenn ich aus der Wirkungsform nur die Daseinsform als ihr Resultat entwickle, bin ich nur praktischer Mensch mit topographisch-plastischem Interesse. Sobald ich aber eine Formwirkung, also einen bestimmten Gesichtseindruck für die Formvorstellung festhalte, als Bild für eine Daseinsform, dann habe ich künstlerisch gehandelt, dann bin ich nicht ohne Bewußtsein sozusagen durch den Gesichtseindruck durchmarschiert, um zu einem abstrahierten Forminhalt zu gelangen, sondern ich habe einen Gesichtseindruck entwickelt, der als Bild eine Gleichung für die Form hinstellt. Das künstlerische Element beginnt erst mit dieser Gleichung oder die künstlerische Bewertung der Form vollzieht sich unter dem Gesichtspunkt dieser Gleichung.

Wenn ich dies noch deutlicher ausdrücken soll, so sage ich: weder der Architekt noch der Bildhauer ist insofern Künstler, als er eine reale Form an sich gestaltet, eine Daseinsform schlechtweg – sondern erst dann, wenn er sie als eine nach Maßgabe des optischen Eindruckes bewertete auffaßt und darstellt, also als Wirkungsform, so daß der Bildeindruck von ihr ebenso lebendig zur bestimmten Bewegungsvorstellung anregt, als sich diese wieder zum lebendigen Bilde einigen. Wenn der Architekt den geometrischen Querschnitt eines Gesimses aufzeichnet, so stellt er damit eine Daseinsform fest, die der Steinmetz plastisch aushauen soll. Die Zeichnung ist derart, daß der Steinmetz danach messen kann, und hat nicht den Zweck, die Formwirkung zu kennzeichnen. Diese tritt erst zutage, wenn der Steinmetz das Gesims ausgehauen und es, an seinem Orte angebracht, zu Gesicht kommt. Erst dann kommt die reale Bedeutung der Zeichnung zur Geltung als künstlerische Absicht. Der Architekt hat also eine Daseinsform festgehalten, die als Wirkungsform ihren Wert abgeben soll. Es schwebte ihm also eine Formwirkung vor, zu der er die Daseinsform suchen mußte, welche an Ort und Stelle die gewünschte Formwirkung hat und dem Beschauer alsdann als Wirkungsform erscheint. Stellt der Architekt die Daseinsform nur aus Daseinsgründen fest, also nicht nach Maßgabe der Wirkung, die sie an Ort und Stelle zu machen hat, – so hat er nicht für das Auge geschaffen und hat die künstlerische Gestaltung noch nicht begonnen. Dasselbe gilt für den Bildhauer. Damit ist der große Unterschied der vom Künstler geschaffenen Daseinsform und der in der Natur gegebenen deutlich klargemacht. Meine Unterscheidung von Daseinsform und Wirkungsform dient nicht der Trennung von Formvorstellung als Resultat gegenüber dem jeweiligen Einzelfall des Formeindrucks – sondern einer Darlegung von Formvorstellung ohne und mit Beziehung zum optischen Bilde.

Aus der gesamten Auseinandersetzung geht deutlich hervor, wie bedeutsam einmal die Unterscheidung des Fern- oder rein optischen Bildes von der Bewegungs-

zu sagen, daß da keine einfache Korrespondenz vorhanden ist. Wenn ein Gegenstand vergrößert oder verkleinert wird, kann seine geometrische Gestalt erhalten bleiben, während die Wirkungsform beträchtliche Änderungen erleidet. Der Gestalteindruck ist also nicht immer wie die geometrische Form unabhängig von dem Maßstab der Ausführung. Wichtiger noch ist es, daß sich die einfachen Momente der geometrischen Formen in jedem Komplex als gleich behaupten, während die Momente der Wirkungsformen durch jede neue Gruppierung modifiziert werden. Wenn sich also die Daseinsform eines Körpers bei der Auffassung *umsetzt* in seine Wirkungsform, so ist dieser Prozeß nicht eine einfache Summe von Partialumsetzungsprozessen. Es kommt vielmehr zu mannigfachen Wechselwirkungen zwischen ihnen. Der komponierende Künstler muß damit rechnen, und er kann es, weil sie sich im ganzen ebenso gesetzmäßig einstellen wie die einfachen Empfindungsprozesse.

Sie sind freilich in einem höheren Grade von der wechselnden psychischen Gesamtverfassung des Wahrnehmenden und den speziellen Erwartungen und Einstellungen abhängig, mit denen der an das Kunstwerk herantritt. Aber das kann und muß dadurch ausgeglichen werden, daß der Künstler nur das in seine Rechnung einsetzt, was ganz typisch und von einem erlaubten Maß zufälliger Schwankungen unabhängig ist. Er lernt von der Natur, *wo sie deutlich zu uns spricht*, und gestaltet seine Formensyntax eindeutig, indem er nur von kräftigen Hilfsmitteln Gebrauch macht. Von der Allgemeingültigkeit der Grundgesetze dieser Formensyntax ist der Künstler Hildebrand fest überzeugt; sie haben, wie er meint, in der Kunstgeschichte keinen Wandel erfahren. In früheren Zeiten waren sie besser bekannt als heute; es ist *eine zweifellose Tatsache, daß die Logik der anschaulichen Vorstellungen weit höher entwickelt war, und daß darin das Übergewicht der früheren Zeit in der bildenden Kunst begründet ist.*

Man überschätzt heute vielfach zum Schaden der primären Formenkomposition Faktoren, die für die bildende Kunst sekundär sind und bleiben müssen. Das sind die Vorstellungen, die den gesehenen Formen Ursachen unterlegen und Wirkungen aus ihnen ableiten, jene Vorstellungen, durch die wir *hinter den gesehenen Tatbestand der Erscheinung gleichsam eine Vergangenheit und Zukunft* schieben. Wir sehen die Formen durch den Stoff

tätigkeit des Auges für die Unterscheidung der Daseinsform und Wirkungsform ist, und ferner wie grundlegend diese wiederum für die Erkenntnis der künstlerischen Tätigkeit wird, im Gegensatz zum Interesse an der Realität an sich oder der wissenschaftlichen Tätigkeit. Für die bildende Kunst hat alle Realität nur insofern Bedeutung, als sie sich im optischen Bilde manifestiert. Die Entwicklung und Ausbildung des optischen Bildes als eines Ausdrucks der Realität ist ihre Aufgabe. So einfach und selbstverständlich das klingt, so ist es doch gerade diese Erkenntnis, über die am meisten gestolpert wird. Sobald sie auf die Plastik bezogen wird oder auf die Architektur, werden die meisten stutzig. Da bei diesen beiden die Form analog wie beim Naturgebilde nur indirekt ein optisches Bild abgibt, während bei der Malerei das optische Bild selbst dargestellt wird, so glauben sie, daß die Plastik und Architektur mit dem optischen Eindrucke nichts zu tun habe – und darin gerade der wesentliche Unterschied von der Malerei beruhe. Es ist das aber eine große Täuschung. Denn wenn auch der optische Eindruck bei der Plastik ein Naturprodukt ist, so hängt es doch von der Formgebung des Objektes ab, welcher Art der optische Eindruck ist. Es fragt sich, wie sich eine plastische Darstellung als optischer Eindruck, das heißt auf eine Distanz, wo ein einheitlicher optischer Eindruck möglich ist – ausnimmt. Eine Figur kann in der Nähe, in der die Bewegungstätigkeit des Auges noch tätig ist, ganz verständlich sein, sobald ich aber zurücktrete und sie als Ganzes, als Fernbild erfasse, unverständlich und unartikuliert erscheinen. Aus der einfachen Tatsache, daß das, was in der Nähe wahrnehmbar und verständlich ist, noch gar keine Bedeutung für die Ferne zu haben braucht, und daß die Ferne andere Merkmale beansprucht, um deutlich zu wirken, entsteht die Aufgabe, die plastische Darstellung auch so zu gestalten, daß sie diese Merkmale für die Ferne abgibt. Damit treten Anforderungen an die Anordnung und Gruppierung der plastischen Massen auf, die beim nahen Standpunkt nicht in Betracht kommen. Diese Anforderungen sind für das Ganze der Darstellung als Gesamtform und Einteilung das maßgebende, das, was die künstlerische Konzeption als Erscheinungsganzes bestimmt, innerhalb dessen sich alsdann alles das von Formgebung abspielt, was vom nahen Standpunkt deutlicher erfaßt werden kann. Es gibt plastische Werke von einer Fülle plastischer Wahrheit und plastischen Reichtums, die aber nur so lange sich explizieren, als man sie in der Nähe betrachtet, die aber zu einem plastischen Chaos werden, sobald man sie von weiterer Distanz ansieht. Es fehlt ihnen die eigentliche künstlerische Durchbildung als Erscheinung, als optische Einheit, wenn sie auch als Plastik im Sinne der Naturwiedergabe und als Ausdruck des Lebens von großer Potenz sein können.

Ganz dasselbe ist übrigens auch bei Bildern und Zeichnungen möglich. Welcher Künstler hätte es nicht erlebt, daß zum Beispiel ein Kopf, aus der Nähe dargestellt, sehr gut für den nahen Standpunkt wirkt, aber von weitem gesehen ganz anders und falsch aussieht. Auch hier tragen die Mittel, die für die Nähe ausreichen, nicht in die Ferne und sind ungenügend. Andererseits gibt es plastische Darstellungen wie die reitenden Weibergestalten von Epidauros im Museum zu Athen, deren Formanordnung eine so starke Fernwirkung in sich tragen, daß sie auch aus voller Nähe gesehen, immer noch als Fernbilder wirken, so daß ihre materielle Plastizität, ihre kubische Wirklichkeit ganz aufgehoben zu sein scheint. Es wirkt das geradezu rätselhaft und aufs höchste geheimnisvoll. Es bedeutet den größten Triumph der künstlerischen Gestaltung. Gewiß ist das eigentliche Instrument, das den Bildhauer charakterisiert, die Fähigkeit, die Form als ein Dreidimensionales im Raum zu nehmen, und für die Auffassung der dreidimensionalen Lageverhältnisse aller Formbewegung ein spezielles Auffassungsvermögen zu haben, ja, man kann getrost sagen, daß der Reichtum dieser Formbeziehungen, wohl zu unterscheiden von dem Reichtum der Formen, den rein plastischen Wert einer plastischen Darstellung ausmacht. Aber erst unter der Leitung des optischen Bedürfnisses, erst als optischer Eindruck geordnet und geeinigt, wirken diese Faktoren künstlerisch. Wie dies geschieht, das ist, was ich zu sagen habe und was den Kern meines ganzen Buches ausmacht und was so schwer begriffen wird. Immer wieder glaubt man, daß das ordnende Element bei der Plastik aus der Daseinsform allein entstände, aus Geste, Ausdruck, Empfin-

bedingt, erfassen sie als Ausdruck der Struktur der Materie, aus der das Kunstwerk besteht; und wir erfassen sie als das Ergebnis eines Geschehens, einer Handlung, der psychische oder mechanische Kräfte unterliegen. Auf das allein aber darf die Einheit des Kunstwerks nicht basiert sein.

Eine Gruppe im künstlerischen Sinne beruht nicht auf einem Zusammenhang, der durch den Vorgang entsteht, sondern muß ein Erscheinungszusammenhang sein, welcher sich als ideelle Raumeinheit gegenüber dem realen Luftraum behauptet.

Adolf Hildebrand hat in diesen Leitsätzen seines Buches die Hauptprobleme der Formauffassung scharf gezeichnet. Ihre Lösung hat er nur an einem speziellen Punkte in Angriff genommen. Ihn interessieren in erster Linie *Tiefeneindrücke*, die der Maler und der Bildhauer uns vermitteln und ihr Verhältnis zu gewissen Flächen, von denen sie auszugehen haben. Uns sollen hier nur *Flächenformen* als das Einfachere beschäftigen. Über *die Fassung und Anordnung der Flächeneindrücke, insofern sie als rein Zweidimensionales empfunden werden*, geht Hildebrand mit wenigen Bemerkungen hinweg. Er betont nur die ausgezeichnete Stellung der vertikalen und horizontalen Richtungen; wie sich von selbst im Eindruck zusammenordnet, was in derselben Vertikalen oder Horizontalen liegt, und daß der Künstler, wo sie nicht von selbst hervortreten, nachhelfen muß, um die richtige Orientierung zu erleichtern. Diese Orientierung zur Vertikalen ist ihm ein *einfaches Naturverhältnis*, begründet *in unserer senkrechten Stellung zur Erde (und)* ... *der horizontalen Lage unserer beiden Augen*; ein einfaches Naturverhältnis, das aber festgehalten *zu einer großen künstlerischen Bedeutung heranwächst und im Kunstwerke gestaltend weiterwirkt, und dessen Ruhe und Harmonie bedingt.*

Man mag diese Orientierung der Flächenmomente zur Vertikalen und Horizontalen als mehr oder weniger bedeutungsvoll einschätzen, es bleibt selbstverständlich, daß sie nur eines unter vielen anderen Gestaltungsprinzipien ist. Nicht nur Richtungen, auch Größen und Größenproportionen gehen in unsere Gestalteindrücke ein und sicher noch mancherlei andere Momente.

Es ist eine Aufgabe der Psychologie, sie systematisch aufzusuchen und ihre Wirkungsweisen zu beschreiben. Wir gehen dabei vom Einfachsten aus, von der geraden und krummen Linie, von der Parallelität, den Winkeln, von den Proportionen zweier Linien, dung usw., kurzum aus dem Naturinhalte der Daseinsform, den ich als Funktionsmimik bezeichne. Sie erblicken darin den Feldherrn, der die plastische Mannschaft befehligt. – Diese Ansicht, die in unserer Zeit herrscht, stammt aus der Laienwelt. Man mag als geborener Bildhauer noch so weit in die Formenwelt und ihren Reichtum hineinsehen, man mag als Mensch noch so lebendig und voll empfinden, mit diesen beiden Kräften allein ausgerüstet, wird man doch nimmer den eigentlichen künstlerischen Boden erobern. Erst wenn sich dieses noch so reiche Material zum optischen Bilde einigt, ist es künstlerisch vorhanden, erst in ihm gelangt es zu einer künstlerischen Einheit. Es berührt mich deshalb komisch, wenn Kunstschriftsteller wie Prof. Schmarsow oder Justi glauben, mich darauf aufmerksam machen zu müssen, worin das eigentliche plastische Element liege. Diese Weisheit setze ich als selbstverständlich voraus. Mein Denken setzt erst später ein, wo es sich um das Problem handelt, wie und wodurch eine plastisch ergründete und aus dem Leben eroberte Form zu einer künstlerischen wird. Dieses Problem muß doch erst begriffen werden, bevor man mitredet.

Ich möchte zum Schlusse noch als Erklärung der besprochenen Mißverständnisse auf einen Unterschied hinweisen, der im allgemeinen zwischen rezeptiver und produktiver Auffassung herrscht. Bei aller Rezeption gehen wir vom Eindruck aus, den das Objekt in uns hervorruft. Dieser Eindruck gilt als Realität, wir suchen ihn zu präzisieren und als neues Erlebnis in unsere innere Welt einzureihen. Es gilt dies selbstverständlich ebenso für die Eindrücke der Natur wie für die von Kunstwerken. Während nun beim bloß Rezeptiven der Eindruck sozusagen die Realität ausmacht, so ist auch sein Vorstellungsverhältnis zum Objekt, als auf diesem Eindruck basierend, mehr oder minder unreal. Ich sehe dabei selbstverständlich von aller wissenschaftlichen Erkenntnis des Objektes ab, da diese sich nicht auf die Erkenntnis der Erscheinung gründet. Beim Produktiven liegt die Sache anders. Er begnügt sich nicht damit, einen Eindruck des Objektes zu haben und diesen als gegebene Realität hinzunehmen, sondern sucht die Faktoren des Objekts, welche diesen Eindruck zustande bringen. Sein Problem ist die Gestaltung des Objektes als der Ursache zu einem Eindruck oder einer Vorstellung, und damit tritt er in Beziehung zu einer ganz andern Realität. Es bleibt nicht dabei, daß der Eindruck des Objekts die gegebene Ursache für eine Vorstellung ist, wie beim Rezeptiven, sondern diese Ursache wird als Wirkung aufgefaßt von einer anderen Ursache, die im Objekt selber gegeben und vom Künstler gefunden und dargestellt wird. Damit ändert sich dann auch seine Vorstellung des Objekts in dem Sinn, als sie nicht bloß eine Vorstellungsableitung des Eindruckes bedeutet, sondern vielmehr sich als eine durch das reale Experiment begründete, also objektiv bedingte Einheitsvorstellung von realen Ursachen und Wirkungen ausbildet.

Ebenso aber wie das Vorstellungsverhältnis zur Natur beim bloß Rezeptiven und beim Produktiven sich auf eine andere Realität bezieht, hat dann auch alle philosophische und psychologische Untersuchung einen anderen Inhalt und sucht andere psychologische Tatsachen dazu auf. Alle Kunstphilosophie und Ästhetik der Gelehrten ist Betrachtung vom rezeptiven Gesichtspunkte aus und hat nur insoweit Bedeutung. Die Schwäche bei solcher Kunsterkenntnis ist außerdem die Annahme, daß der jeweilige Eindruck eine objektive Tatsache sei. Der Eindruck eines Objektes, sei es Natur oder Kunstwerk, ist aber ganz bedingt von der Begabung und der Sinneskultur der Rezeptiven. Die Bewertung des Eindruckes, den ein anderer hat, hängt ganz von dem Vertrauen ab, welches man der Begabung und der Sinneskultur des anderen schenkt. Das ganze Gedankengebäude steht damit auf einem sehr subjektiven Boden.

von einfachen Symmetrieverhältnissen und versuchen, die Wirkungsweise dieser Formelemente möglichst präzis zu beschreiben und die Bedingungen ihres Entstehens zu ermitteln. Das scheint uns eine notwendige Vorarbeit für das Verständnis des Komplizierteren. Die spezifisch ästhetischen Fragen müssen dabei zunächst in den Hintergrund treten. Wir fragen nicht, welche von den Formen gefallen und warum sie das tun; uns interessieren nur die Gestaltungsprozesse an sich. Aber wir hegen stillschweigend die Hoffnung, daß aus deren Erkenntnis die Ästhetik wird Nutzen ziehen können.

Einen Gegenstand sehen und einen Gegenstand sich vorstellen sind zwei verschiedene Prozesse, und man befindet sich in beiden Fällen in einem durchaus verschiedenen Verhältnis zu dem Gegenstand. Jeder, der einen Gegenstand ansieht, wird bemerken, daß, sobald er ihm den Rücken kehrt, in ihm ein Bild des Gegenstandes zurückbleibt, welches eine große Veränderung erleidet im Verhältnis zum ersten Eindruck. Den ersten Akt nennen wir Wahrnehmung, den zweiten Vorstellung. Es sind dies zwei sich gegenüberstehende

Naturprozesse, die sich sowohl durch ihre Entstehung als auch durch ihre Resultate durchaus unterscheiden. Wenn sich auch vielleicht keine absolut ergründende Darstellung dieser beiden Akte vorhand feststellen läßt, so lassen sich doch mehrere Beobachtungen darüber anstellen und vielleicht in dem Übergang der Wahrnehmung zur Vorstellung eine gesetzmäßige Wandlung beobachten. Der Vorstellungsakt ist einmal ein Erinnerungsakt und jeder kann leicht die Wahrnehmung machen, daß von dem Gesehenen vieles schwindet und nur ein Gewisses bleibt. Es existiert hierbei eine Scheidung des Gesehenen und es ist anzunehmen, daß gewisse Nervenreize stärker sich einprägen als andere. Andererseits werden Eindrücke, die sich häufig wiederholen, eine dauerhaftere Erinnerung hinterlassen als die, welche sich seltener wiederholen; es wird sich vor allem das Gemeinschaftliche an den Gegenständen einprägen, das nicht Gemeinschaftliche in der Erinnerung jedoch entschwinden. Durch diese natürliche Sonderung wird unser Verhältnis zu den Dingen bestimmt, in dem auch die Dinge untereinander in ein bestimmtes Verhältnis treten. Es ergeben sich daraus allgemeine Vorstellungen, die allen Menschen gemein sind, und die sich aus den gemeinschaftlichen Merkmalen bilden. Aus solchen Vorstellungen bilden sich alsdann die ersten Begriffe.

Gegenüber dem reinen Sehen kennzeichnet also den Vorstellungsakt eine gewisse Rangordnung des Gesehenen. Die Vorstellung erweitert sich durch Aufnahme der Wahrnehmung in diese Rangordnung. Diese Aufnahme wird im allgemeinen abhängen von der Notwendigkeit des praktischen Verkehrs mit den Gegenständen, und sie erreicht deshalb nur einen bestimmten Grad. Eine zweite Seite des Vorstellungsaktes ist die, daß in der Erinnerung sich das einprägen wird, was von einer Vorstellung auf die andere hinüberleitet. In der Gemeinschaftlichkeit der Eindrücke liegt ferner eine Erinnerungsmöglichkeit, wodurch eine Vorstellung in die andere hinüberführt, was man Assoziation der Vorstellung nennt. Die Vorstellungen, die allgemein von den Menschen gemacht werden, sind ebenso die Vorstellungen, die ein Kunstwerk vor allem geben muß. So sind die Elementarunterschiede der Vorstellungen von Luft und Erde die ersten

Haupterfordernisse einer Landschaft, und die starke Wirkung der Gliedmaßen des Menschen im allgemeinen die Haupterfordernisse einer Figur. Diese Allgemeinvorstellungen sind dem Laien die selbstverständlichsten und deshalb die leicht übersehbarsten im Kunstwerk, ebenso wie manchen Künstler reiche Einzelbeobachtung die durchgreifendsten Vorstellungen vergessen läßt. In großartigen Kunstwerken liegt der Schwerpunkt in der eindringlichen Wirkung der ursprünglichen Allgemeinvorstellung, kleinlichere Kunstwerke geben späterfolgende Teilvorstellungen. Alles das ist am Kunstwerk individuell, was das Beobachtungsmaterial ausmacht.

Alle Kunstkritik hat deshalb zu beurteilen, ob die Quelle der Vorstellung Beobachtung ist und ob die Beobachtung zur Vorstellung geworden ist. Daß es darin unendlich viele Abstufungen und Grade gibt, ist selbstverständlich. Für die bildende Kunst wird sich daraus mehreres ergeben, sie fixiert Vorstellung, nicht Wahrnehmung, sie gibt das Vorstellungsverhältnis zum Gegenstand, und nicht das der bloßen Wahrnehmung. Insofern ist die Zeichnung eines kleinen Kindes ein Kunstwerk, wenn auch in sehr frühem Stadium. Bei weiterer Ausbildung dieses Prozesses wird die Aufgabe sein, immer mehr Gesehenes in Vorstellung übergehen zu lassen, und die dazu notwendige Sichtung des Wahrnehmungsmaterials geschieht auf dem natürlichen Weg der Bildung einer Vorstellung aus der Wahrnehmung. Dies ist die Hauptanforderung einer Arbeit gegenüber, die ein Kunstwerk sein soll. Arbeiten, in denen dieser Prozeß nicht vollzogen ist, und die nur das Ergebnis des Wahrnehmungsaktes sind, sind keine Kunstwerke (Realismus). Arbeiten, die Vorstellungen darstellen, die nicht aus einer Wahrnehmung entstammen, ebensowenig (Idealismus). – Somit beruht die Kunst auf der natürlichen Verwandlung von Wahrnehmungen zu Vorstellungen, also einer permanenten Unterordnung der Einzelwahrnehmungen. Deshalb nehmen Kunstepochen den Gang, anfangs bei geringer Verarbeitung von Wahrnehmungsmaterial zu Vorstellung allgemeine Vorstellungen zu geben, alsdann immer mehr Beobachtungsmaterial in die Vorstellung einzuführen, und wenn dies auf der Höhe ist, hört der natürliche Prozeß auf und die Vorstellung rekrutiert sich nicht mehr aus der Beobachtung und anstelle der Beobachtung treten überlieferte Vorstellungen. Es kann somit Arbeiten geben, die bei einer großen Stärke der Vorstellung grobe Verstöße gegen die Einzelwahrnehmungen machen und dennoch bedeutende Kunstwerke sind, während es Arbeiten geben kann, die bei reicherem Beobachtungsmaterial von geringer Vorstellungskraft zeugen und deshalb keine Kunstwerke sind.

Teil III

Über Größenordnung und Maßstab

Vorbemerkung

Der architektonische Maßstab gliedert sich einfach. Seine Maßstabsfelder sind abgeleitet aus der Anschauung des Nutzers in Bewegung. *Der Maßstab des Stadtplans* wird erlebt beim Überfliegen der Stadt, wenn die Wahrnehmung, durch die schnelle Bewegung, nur die charakteristische Figur aufnimmt, und wird ergänzt um übergroße Einzelteile. *Der Maßstab des Gebäudes* ist der des Fußgängers in der Straße, der die Fassaden zusammensieht zu einer Straßenfront, der die Fenster zählt, an einem stehenbleibt. *Der instrumentelle Maßstab* des Details, das ist der Maßstab des Nutzers, seines Fensters, durch das er auf den Hof schaut, seines Zimmers, in dem er sich wiederfindet, seines Türgriffs, den er unhandlich nennt. Der Maßstab erscheint so nur als eine Stufung im syntaktischen Repertoire.

Doch bevor wir noch anfangen, uns der Architektur zuzuwenden, befinden wir uns schon mitten in der Semantik; denn Größe ist bedeutsam, einem *Quantum* entspricht ein *Magnum* (Schiller), die Begriffe verschmelzen zum Mathematisch-Erhabenen, das Größe und Bedeutung in eins faßt.

Für die Anschauung des Großen als eines Erhabenen nennt Schiller zwei Bedingungsbereiche: die *inneren Bedingungen* dessen, der anschaut, und die *äußeren Bedingungen*, die im Objekt als Eigenschaften zu finden sein müssen, wenn es als groß und erhaben angesehen und empfunden werden kann. Beide Bedingungen definieren sich aus Oppositionsbeziehungen. Die inneren Bedingungen sind gespannt zwischen die Pole der Phantasie und der Vernunft, »der Einbildungskraft und der Vorstellungskraft«, zwischen Regel und Ergriffenheit; die äußeren Bedingungen bestehen aus den doppelbödig verbundenen Eigenschaften von »Mannigfaltigkeit und Einförmigkeit, Einfalt und Fülle, Freiheit und Stetigkeit«.

Ein Gegenstand, der die oppositionellen Eigenschaften in sich zu vereinigen vermag – der im ganzen (von weitem gesehen) einförmig, aber in den Teilen mannigfaltig ist, der, je nach Bildausschnitt, die Fülle in der Einheitlichkeit und die Einheitlichkeit in der Fülle verbirgt, der in der Freiheit der Anwendung vielfältiger Repertoires die Kontinuität der Ordnungen spürbar werden läßt –, ist, wenn wir Schiller folgen, erhaben. Die Wirkung von Erhabenheit wendet sich an Vernunft und Sinne.

Wirkung aber, auch die der Erhabenheit, bildet sich nicht unabhängig vom Maßstab. Der kleinere Maßstab – ein einzelner Satz, ein einzelnes Haus – benötigt weniger Elemente, die zu ordnen sind zwischen den Oppositionen, und deshalb auch weniger Ordnungen, die sie fügen (er ist deshalb nicht weniger erhaben).

Der große Maßstab – der Roman, die Stadt – setzt sich aus einer größeren Anzahl von Elementen verschiedener Eigenartigkeit zusammen und verbraucht deshalb eine größere Anzahl von Ordnungen, um sie aneinanderzubinden. Wir kennen unter den Zeichenoperationen die der Superisation: das Zusammenfügen von Zeichen und Zeichen zu einem neuen Zeichen nächstgrößerer Komplexität, nächstdichterer Aussage (zu einem Zeichen »höherer Gestalt«, siehe Christian von Ehrenfels, Teil 4). Das Zeichen höherer Komplexität, das Superzeichen, ist gleichzeitig eines mit breiterer Aufnahmefähigkeit; denn es umfaßt alle Zeichen, die in ihm eine Verbindung eingegangen sind.

Der größte Maßstab für die Architektur ist Stadt. Ihr kompliziertes Sozialgefüge läßt sich nur in einer vergleichbar komplizierten räumlichen Gestalt abbilden. Da Superzeichen aus Zeichenoperationen von geringerer zu höherer Komplexität gebildet werden, bedeutet dies aber, mit einem Sprung ins Metier, daß es Entwürfe, die im städtebaulichen Maßstab beginnen, nicht geben kann; denn sie vereinfachen, wo sie superieren müssen, sie geben einfache Zeichen vor, wo sie komplizierte entwickeln müßten.

Eins fehlt noch in der Betrachtung: der falsche Maßstab, der den gotischen Turm in einen Dachreiter preßt, die Muschel zur Trompe weitet, das Erhabene ins Lächerliche verkehrt – und den mühsamen Weg der Superisationen an den Einfall eines Augenblicks vergibt.

1. Von der ästhetischen Größenschätzung

Friedrich Schiller (1793)

Ich kann mir von der Quantität eines Gegenstandes vier voneinander ganz verschiedene Vorstellungen machen.

Der Turm, den ich vor mir sehe, ist eine Größe.

Er ist zweihundert Ellen hoch.

Er ist hoch.

Er ist ein hoher (erhabener) Gegenstand.

Unterscheidung:
Quantum – Magnum.
In der Architektur
hat der Wohnungsbau
das größte Quantum
und das geringste
Magnum. Pascal Schöning
denkt an Schlösser
im demokratischen
Wohnungsbau

Es leuchtet in die Augen, daß durch jedes dieser viererlei Urteile, welche sich doch sämtlich auf die Quantität des Turms beziehen, etwas ganz Verschiedenes ausgesagt wird. In den beiden ersten Urteilen wird der Turm bloß als ein *Quantum* (als eine Größe), in den zwei übrigen wird es als ein *Magnum* (als etwas Großes) betrachtet.

Alles, was Teile hat, ist ein Quantum. Jede Anschauung, jeder Verstandesbegriff hat seine Größe, so gewiß dieser eine Sphäre und jene einen Inhalt hat. Die Quantität überhaupt kann also nicht gemeint sein, wenn man von einem Größenunterschied unter den Objekten redet. Die Rede ist hier von einer solchen Quantität, die einem Gegenstande vorzugsweise zukommt, d. h. die nicht bloß ein Quantum, sondern zugleich ein Magnum ist.

Bei jeder Größe denkt man sich eine Einheit, zu welcher mehrere gleichartige Teile verbunden sind. Soll also ein Unterschied zwischen Größe und Größe stattfinden, so kann er nur darin liegen, daß in der einen mehr, in der andern weniger Teile zur Einheit verbunden sind, oder daß die eine nur einen Teil in der andern ausmacht. Dasjenige Quantum, welches ein anderes Quantum als Teil in sich enthält, ist gegen dieses Quantum ein Magnum.

Untersuchen, wie oft ein bestimmtes Quantum in einem andern enthalten ist, heißt dieses Quantum messen (wenn es stetig), oder es zählen (wenn es nicht stetig ist). Auf die zum Maß genommene Einheit kommt es also jederzeit an, ob wir einen Gegenstand als ein Magnum betrachten sollen, das heißt, alle Größe ist ein Verhältnisbegriff.

Gegen ihr Maß gehalten ist jede Größe ein Magnum, und noch mehr ist sie es gegen das Maß ihres Maßes, mit welchem verglichen dieses selbst wieder ein Magnum ist. Aber so, wie es herabwärts geht, geht es auch aufwärts. Jedes Magnum ist wieder klein, sobald wir es uns in einem andern enthalten denken; und wo gibt es hier eine Grenze, da wir jede noch so große Zahlreihe mit sich selbst wieder multiplizieren können?

Auf dem Wege der Messung können wir also zwar auf die komparative, aber nie auf die absolute Größe stoßen, auf diejenige nämlich, welche in keinem andern Quantum mehr enthalten sein kann, sondern alle andern Größen unter sich befasset. Nichts würde uns ja hindern, daß dieselbe Verstandeshandlung, die uns eine solche Größe lieferte, uns auch das Duplum derselben lieferte, weil der Verstand successiv verfährt und, von Zahlbegriffen geleitet, seine Synthese bis ins Unendliche fortsetzen kann. Solange sich noch bestimmen läßt, wie groß ein Gegenstand sei, ist er noch nicht (schlechthin) groß und kann durch dieselbe Operation der Vergleichung zu einem sehr kleinen herabgewürdiget werden. Diesem nach könnte es in der Natur nur eine einzige Größe per excellantiam geben, nämlich das unendliche Ganze der Natur selbst, dem aber nie eine Anschauung entsprechen und dessen Synthesis in keiner Zeit vollendet werden kann. Da sich das Reich der Zahl nie erschöpfen läßt, so müßte es der Verstand sein, der seine Synthesis endigt. Er selbst müßte irgendeine Einheit als höchstes und äußerstes Maß aufstellen und, was darüber hinausragt, schlechthin für groß erklären.

Dies geschieht auch wirklich, wenn ich von dem Turm, der vor mir steht, sage, er sei hoch, ohne seine Höhe zu bestimmen. Ich gebe hier kein Maß der Vergleichung, und doch kann ich dem Turm die absolute Größe nicht zuschreiben, da mich gar nichts hindert, ihn noch größer anzunehmen. Mir muß also schon durch den bloßen Anblick des Turmes ein äußerstes Maß gegeben sein, und ich muß mir einbilden können, durch meinen Ausdruck »dieser Turm ist hoch« auch

Edgar Allan Poe legt sich auf eine absolute Größe der Anschaulichkeit fest: was nicht in einem Zug gelesen werden kann, verfehlt die Einheit des Eindrucks. In der Architektur, deren eine Regelhaftigkeit in der Wiederholung gleicher Teile besteht, wären drei Eigenschaften für die Anschaulichkeit gegeben: einmal das absolute Maß, in dem das Gebäude, wie viele Ordnungen es auch enthält, mit einem Blick erfaßbar wird; zweitens das Maß der Komplexität, das in jedem der vielen möglichen Bildausschnitte, die das Gebäude anbietet, so viele Ordnungsmuster des ganzen Gebäudes legt, daß die Vorstellungskraft der Anschaulichkeit zu Hilfe kommen und den Rest ergänzen kann; drittens die Art der Komplexität; denn die visuellen Regeln und Muster des Gebäudes könnten so viele Zitate aus den Regeln und Mustern der näheren Umgebung enthalten, daß der Betrachter durch die visuelle Vorinformation ein höheres Maß an Komplexität mit einem Blick erfassen kann . . .

Gattungsgrößen = Bautypen, sie liefern Vorinformationen für die Anschauung. Solche Vorinformationen können zu Erwartungsmustern gerinnen, die sich aus der zeitgebundenen, von der Kritik gestützten Betrachtungsnorm entwickeln und sie rückwirkend prägen

Die Kritik gegenwärtiger Architektur setzt fälschlich ein beim Größenmaß, hat falschen Maßstab. Die großen Wohnblocks werden als Quantum verdammt, weil sie Anonymität und Entfremdung zu bezeichnen scheinen, die kleinen Einfamilienhäuser gereichen zum Spott, weil sie elitärer Abkapselung aus Unsicherheit ein Zeichen setzen – die Stadtkritik legt sich also, ohne es zu wollen, auf den »menschlichen Maßstab« von drei- bis viergeschossigen Wohnhäusern fest, deren soziologische Konstellation ein Dasein à huis clos bereitet . . .

jedem andern dieses äußerste Maß vorgeschrieben zu haben. Dieses Maß liegt also schon in dem Begriffe eines Turmes, und es ist kein andres als der Begriff seiner Gattungsgröße.

Jedem Dinge ist ein gewisses Maximum der Größe entweder durch seine Gattung (wenn es ein Werk der Natur ist), oder (wenn es ein Werk der Freiheit ist) durch die Schranken der ihm zugrunde liegenden Ursache und durch seinen Zweck vorgeschrieben. Bei jeder Wahrnehmung von Gegenständen wenden wir mit mehr oder weniger Bewußtsein dieses Größenmaß an; aber unsere Empfindungen sind sehr verschieden, je nachdem das Maß, welches wir zum Grund legen, zufälliger oder notwendiger ist. Überschreitet ein Objekt den Begriff seiner Gattungsgröße, so wird es uns gewissermaßen in Verwunderung setzen. Wir werden überrascht, und unsre Erfahrung erweitert sich; aber insofern wir an dem Gegenstand selbst kein Interesse nehmen, bleibt es bloß bei diesem Gefühle einer übertroffenen Erwartung. Wir haben jenes Maß nur aus einer Reihe von Erfahrungen abgezogen, und es ist gar keine Notwendigkeit vorhanden, daß es immer zutreffen muß. Überschreitet hingegen ein Erzeugnis der Freiheit den Begriff, den wir uns von den Schranken seiner Ursache machten, so werden wir schon eine gewisse Bewunderung empfinden. Es ist hier nicht bloß die übertroffene Erwartung, es ist zugleich eine Entledigung von Schranken, was uns bei einer solchen Erfahrung überrascht. Dort blieb unsre Aufmerksamkeit bloß bei dem Produkte stehen, das an sich selbst gleichgültig war; hier wird sie auf die hervorbringende Kraft hingezogen, welche moralisch oder doch einem moralischen Wesen angehörig ist und uns also notwendig interessieren muß. Dieses Interesse wird in eben dem Grade steigen, als die Kraft, welche das wirkende Prinzipium ausmachte, edler und wichtiger und die Schranke, welche wir überschritten finden, schwerer zu überwinden ist. Ein Pferd von ungewöhnlicher Größe wird uns angenehm befremden, aber noch mehr der geschickte und starke Reiter, der es bändigt. Sehen wir ihn nun gar mit diesem Pferd über einen breiten und tiefen Graben setzen, so erstaunen wir, und ist es eine feindliche Fronte, gegen welche wir ihn lossprengen sehen, so gesellt sich zu diesem Erstaunen Achtung, und es geht in Bewunderung über. In dem letztern Fall behandeln wir seine Handlung als eine dynamische Größe und wenden unsern Begriff von menschlicher Tapferkeit als Maßstab darauf an, wo es nun darauf ankommt, wie wir uns selbst fühlen, und was wir als äußerste Grenze der Herzhaftigkeit betrachten.

Ganz anders hingegen verhält es sich, wenn der Größenbegriff des Zwecks überschritten wird. Hier legen wir keinen empirischen und zufälligen, sondern einen rationalen und also notwendigen Maßstab zum Grunde, der nicht überschritten werden kann, ohne den Zweck des Gegenstandes zu vernichten. Die Größe eines Wohnhauses ist einzig durch seinen Zweck bestimmt; die Größe eines Turmes kann bloß durch die Schranken der Architektur bestimmt sein. Finde ich daher das Wohnhaus für seinen Zweck zu groß, so muß es mir notwendig mißfallen. Finde ich hingegen den Turm meine Idee von Turmeshöhen übersteigend, so wird er mich nur desto mehr ergötzen. Warum? Jenes ist ein Widerspruch, dieses nur eine unerwartete Übereinstimmung mit dem, was ich suche. Ich kann es mir sehr wohl gefallen lassen, daß eine Schranke erweitert, aber nicht, daß eine Absicht verfehlt wird.

Wenn ich nun von einem Gegenstand schlechtweg sage, er sei groß, ohne hinzusehen, wie groß er sei, so erkläre ich ihn dadurch gar nicht für etwas absolut Großes, dem kein Maßstab gewachsen ist; ich verschweige bloß das Maß, dem ich ihn unterwerfe, in der Voraussetzung, daß es in seinem bloßen Begriff schon enthalten sei. Ich bestimme seine Größe zwar nicht ganz, nicht gegen alle denkbaren Dinge, aber doch zum Teil und gegen eine gewisse Klasse von Dingen, also doch immer objektiv und logisch, weil ich ein Verhältnis aussage und nach einem Begriffe verfahre.

Dieser Begriff kann aber empirisch, also zufällig sein, und mein Urteil wird in diesem Fall nur subjektive Gültigkeit haben. Ich mache vielleicht zur Gattungsgröße, was nur die Größe gewisser Arten ist, ich erkenne vielleicht für eine objektive Grenze, was nur die Grenze meines Subjekts ist, ich lege vielleicht der Beurteilung meinen Privatbegriff von dem Gebrauch und dem Zweck eines Dinges unter. Der Materie nach kann also meine Größenschätzung ganz subjektiv sein, ob sie gleich der Form nach objektiv, d. i. wirkliche Verhältnisbestimmung ist. Der Europäer hält den Patagonen für einen Riesen, und sein Urteil hat auch volle Gültigkeit bei demjenigen Völkerstamm, von dem er seinen Begriff menschlicher Größe entlehnte; in Patagonien hingegen wird es Widerspruch finden. Nirgends wird man den Einfluß subjektiver Gründe auf die Urteile der Menschen mehr gewahr als bei ihrer Größenschätzung, sowohl bei körperlichen als bei unkörperlichen Dingen. Jeder Mensch, kann man annehmen, hat ein gewisses Kraft- und Tugendmaß in sich, wonach er sich bei der Größenschätzung moralischer Handlungen richtet. Der Geizhals wird das Geschenk eines Guldens für eine sehr große Anstrengung seiner Freigebigkeit halten, wenn der Großmütige mit der dreifachen Summe noch zu wenig zu geben glaubt. Der Mensch von gemeinem Schlag hält schon das Nichtbetrügen für einen großen Beweis seiner Ehrlichkeit; ein anderer von zartem Gefühl trägt manchmal Bedenken, einen erlaubten Gewinn zu nehmen. Obgleich in allen diesen Fällen das Maß subjektiv ist, so ist die Messung selbst immer objektiv; denn man darf nur das Maß allgemein machen, so wird die Größenbestimmung allgemein eintreffen. So verhält es sich wirklich mit den objektiven Maßen, die im allgemeinen Gebrauche sind, ob sie gleich alle einen subjektiven Ursprung haben und von dem menschlichen Körper hergenommen sind.

Alle vergleichende Größenschätzung aber, sie mag nun idealisch oder körperlich, sie mag ganz oder nur zum Teil bestimmend sein, führt nur zur relativen und niemals zur absoluten Größe; denn wenn ein Gegenstand auch wirklich das Maß übersteigt, welches wir als ein höchstes und äußerstes annehmen, so kann ja immer noch gefragt werden, um wie vielmal er es übersteige. Er ist zwar ein Großes gegen seine Gattung, aber noch nicht das Größtmögliche, und wenn die Schranke einmal überschritten ist, so kann sie ins Unendliche fort überschritten werden. Nun suchen wir aber die absolute Größe, weil diese allein den Grund eines Vorzugs in sich enthalten kann, da alle komparativen Größen, als solche betrachtet, einander gleich sind. Weil nichts den Verstand nötigen kann, in seinem Geschäft stillzustehen, so muß es die Einbildungskraft sein, welche demselben eine Grenze setzt. Mit anderen Worten: die Größenschätzung muß aufhören, logisch zu sein, sie muß ästhetisch verrichtet werden.

Wenn ich eine Größe logisch schätze, so beziehe ich sie immer auf mein Erkenntnisvermögen; wenn ich sie ästhetisch schätze, so beziehe ich sie auf mein Empfindungsvermögen. Dort erfahre ich etwas von dem Gegenstand, hier hingegen erfahre ich bloß an mir selbst etwas, auf Veranlassung der vorgestellten Größe des Gegenstandes. Dort erblicke ich etwas außer mir, hier etwas in mir. Ich messe also auch eigentlich nicht mehr, ich schätze keine Größe mehr, sondern ich selbst werde mir augenblicklich zu einer Größe, und zwar zu einer unendlichen. Derjenige Gegenstand, der mich mir selbst zu einer unendlichen Größe macht, heißt erhaben.

Das Erhabene der Größe ist also keine objektive Eigenschaft des Gegenstandes, dem es beigelegt wird; es ist bloß die Wirkung unsers eigenen Subjekts auf Veranlassung jenes Gegenstandes. Es entspringt einesteils aus dem vorgestellten Unvermögen der Einbildungskraft, die von der Vernunft als Forderung aufgestellte Totalität in Darstellung der Größe zu erreichen, andernteils aus dem vorgestellten Vermögen der Vernunft, eine solche Forderung aufstellen zu können. Auf das erste gründet sich die zurückstoßende, auf das zweite die anziehende Kraft des Großen und des Sinnlich-Unendlichen.

Obgleich aber das Erhabene eine Erscheinung ist, welche erst in unserm Subjekt erzeugt wird, so muß doch in den Objekten selbst der Grund enthalten sein, warum gerade nur diese und keine andern Objekte uns zu diesem Gebrauch Anlaß geben. Und weil wir ferner bei unserm Urteil das Prädikat des Erhabenen in den Gegenstand legen (wodurch wir andeuten, daß wir diese Verbindung nicht bloß willkürlich vornehmen, sondern dadurch ein Gesetz für jedermann aufzustellen meinen), so muß in unserm Subjekt ein notwendiger Grund enthalten sein, warum wir von einer gewissen Klasse von Gegenständen gerade diesen und keinen andern Gebrauch machen.

Es gibt demnach innere und gibt äußere notwendige

Bedingungen des Mathematisch-Erhabenen. Zu jenen gehört ein gewisses bestimmtes Verhältnis zwischen Vernunft und Einbildungskraft, zu diesen ein bestimmtes Verhältnis des angeschauten Gegenstandes zu unserm ästhetischen Größenmaß.

Sowohl die Einbildungskraft als die Vernunft müssen sich mit einem gewissen Grad von Stärke äußern, wenn das Große uns rühren soll. Von der Einbildungskraft wird verlangt, daß sie ihr ganzes Komprehensionsvermögen zu Darstellung der Idee des Absoluten aufbiete, worauf die Vernunft unnachläßlich dringt. Ist die Phantasie unthätig und träge, oder geht die Tendenz des Gemüts mehr auf Begriffe als auf Anschauungen, so bleibt auch der erhabenste Gegenstand bloß ein logisches Objekt und wird gar nicht vor das ästhetische Forum gezogen. Dies ist der Grund, warum Menschen von überwiegender Stärke des analytischen Verstandes für das Ästhetisch-Große selten viel Empfänglichkeit zeigen. Ihre Einbildungskraft ist entweder nicht lebhaft genug, sich auf Darstellung des Absoluten der Vernunft auch nur einzulassen, oder ihr Verstand zu geschäftig, den Gegenstand sich zuzueignen und ihn aus dem Felde der Intuition in sein diskursives Gebiet hinüber zu spielen.

Ohne eine gewisse Stärke der Phantasie wird der große Gegenstand gar nicht ästhetisch; ohne eine gewisse Stärke der Vernunft hingegen wird der ästhetische nicht erhaben. Die Idee des Absoluten erfordert schon eine mehr als gewöhnliche Entwicklung des höheren Vernunftvermögens, einen gewissen Reichtum an Ideen und eine genauere Bekanntschaft des Menschen mit seinem edelsten Selbst. Wessen Vernunft noch gar keine Ausbildung empfangen hat, der wird von dem Großen der Sinne nie einen übersinnlichen Gebrauch zu machen wissen. Die Vernunft wird sich in das Gebiet gar nicht mischen, und es wird der Einbildungskraft allein oder dem Verstand allein überlassen bleiben. Die Einbildungskraft für sich selbst ist aber weit entfernt, sich auf eine Zusammenfassung einzulassen, die ihr peinlich wird. Sie begnügt sich also mit der bloßen Auffassung, und es fällt ihr gar nicht ein, ihren Darstellungen Allheit geben zu wollen. Daher die stupide Unempfindlichkeit, mit der der Wilde im Schoß der erhabensten Natur und mitten unter den Symbolen des Unendlichen wohnen kann, ohne dadurch aus seinem tierischen Schlummer geweckt zu werden, ohne auch nur von weitem den großen Naturgeist zu ahnden, der aus dem Sinnlich-Unermeßlichen zu einer fühlenden Seele spricht.

Was der rohe Wilde mit dummer Gefühllosigkeit anstarrt, das flieht der entnervte Weichling als einen Gegenstand des Grauens, der ihm nicht seine Kraft, nur seine Ohnmacht zeigt. Sein enges Herz fühlt sich von großen Vorstellungen peinlich auseinander gespannt. Seine Phantasie ist zwar reizbar genug, sich an der Darstellung des Sinnlich-Unendlichen zu versuchen, aber seine Vernunft nicht selbständig genug, dieses Unternehmen mit Erfolge zu endigen. Er will es erklimmen, aber auf halbem Wege sinkt er ermattet hin. Er kämpft mit dem furchtbaren Genius, aber nur mit irdischen, nicht mit unsterblichen Waffen. Dieser Schwäche sich bewußt, entzieht er sich lieber einem Anblick, der ihn niederschlägt, und sucht Hülfe bei der Trösterin aller Schwachen, der Regel. Kann er sich selbst nicht aufrichten zu dem Großen der Natur, so muß die Natur zu seiner kleinen Fassungskraft heruntersteigen. Ihre kühnen Formen muß sie mit künstlichen vertauschen, die ihr fremd, aber seinem verzärtelten Sinne Bedürfnis sind. Ihren Willen muß sie seinem eisernen Joch unterwerfen und in die Fesseln mathematischer Regelmäßigkeit sich schmiegen. So entsteht der ehemalige französische Geschmack in Gärten, der endlich fast allgemein dem englischen gewichen ist, aber ohne dadurch dem wahren Geschmack merklich näher zu kommen. Denn der Charakter der Natur ist ebensowenig bloße Mannigfaltigkeit als Einförmigkeit. Ihr gesetzter, ruhiger Ernst verträgt sich ebensowenig mit diesen schnellen und leichtsinnigen Übergängen, mit welchen man sie in dem neuen Gartengeschmack von einer Dekoration zur andern hinüberhüpfen läßt. Sie legt, indem sie sich verwandelt, ihre harmonische Einheit nicht ab, in bescheidener Einfalt verbirgt sie ihre Fülle, und auch in der üppigsten Freiheit sehen wir sie das Gesetz der Stetigkeit ehren.

Zu den objektiven Bedingungen des Mathematisch-

darin besteht der Auftrag ästhetischer Erziehung: den Trost bei der Regel – Regelhaftigkeit, Anweisung, verfestigter Ordnung – nicht zuzulassen

Erhabenen gehört fürs erste, daß der Gegenstand, den wir dafür erkennen sollen, ein Ganzes ausmache und also Einheit zeige; fürs zweite, daß er uns das höchste sinnliche Maß, womit wir alle Größen zu messen pflegen, völlig unbrauchbar mache. Ohne das erste würde die Einbildungskraft gar nicht aufgefordert werden, eine Darstellung seiner Totalität zu versuchen; ohne das zweite würde ihr dieser Versuch nicht verunglücken können.

Der Horizont übertrifft jede Größe, die uns irgend vor Augen kommen kann, denn alle Raumgrößen müssen ja in demselben liegen. Nichtsdestoweniger bemerken wir, daß oft ein einziger Berg, der sich darin erhebt, uns einen weit stärkern Eindruck des Erhabenen zu geben im stand ist, als der ganze Gesichtskreis, der nicht nur diesen Berg, sondern noch tausend andere Größen in sich befaßt. Das kommt daher, weil uns der Horizont nichts als ein einziges Objekt erscheint und wir also nicht eingeladen werden, ihn in ein Ganzes der Darstellung zusammenzufassen. Entfernt man aber aus dem Horizont alle Gegenstände, welche den Blick insbesondere auf sich ziehen, denkt man sich auf eine weite und ununterbrochene Ebene oder auf die offenbare See, so wird der Horizont selbst zu einem Objekt, und zwar zu dem erhabensten, was dem Aug' je erscheinen kann. Die Kreisfigur des Horizonts trägt zu diesem Eindruck besonders viel bei, weil sie an sich selbst so leicht zu fassen ist und die Einbildungskraft sich um so weniger erwehren kann, die Vollendung derselben zu versuchen.

Der ästhetische Eindruck der Größe beruht aber darauf, daß die Einbildungskraft die Totalität der Darstellung an dem gegebenen Gegenstande fruchtlos versucht, und dies kann nur dadurch geschehen, daß das höchste Größenmaß, welches sie auf einmal deutlich fassen kann, so vielmal zu sich selbst addiert, als der Verstand deutlich zusammen denken kann, für den Gegenstand zu klein ist. Daraus aber scheint zu folgen, daß Gegenstände von gleicher Größe auch einen gleich erhabenen Eindruck machen müßten, und daß der minder große diesen Eindruck weniger werde hervorbringen können, wogegen doch die Erfahrung spricht. Denn nach dieser erscheint der Teil nicht selten erhabener als das Ganze, der Berg oder der Turm erhaben er alsder Himmel, in den er hinaufragt, der Fels erhabener als das Meer, dessen Wellen ihn umspülen. Man muß sich aber hier der vorhin erwähnten Bedingung erinnern, vermöge welcher der ästhetische Eindruck nur dann erfolgt, wenn sich die Imagination auf Allheit des Gegenstandes einläßt. Unterläßt sie dieses bei dem weit größeren Gegenstand und beobachtet es hingegen bei dem minder großen, so kann sie von dem letztern ästhetisch gerührt und doch gegen den ersten unempfindlich sein. Denkt sie sich aber diesen als eine Größe, so denkt sie ihn zugleich als Einheit, und dann muß er notwendig einen verhältnismäßig stärkeren Eindruck machen, als er jenen an Größe übertrifft.

Alle sinnliche Größen sind entweder im Raum (ausgedehnte Größen) oder in der Zeit (Zahlgrößen). Ob nun gleich jede ausgedehnte Größe zugleich eine Zahlgröße ist (weil wir auch das im Raum Gegebene in der Zeit auffassen müssen), so ist dennoch die Zahlgröße selbst nur insofern, als ich sie in eine Raumgröße verwandle, erhaben. Die Entfernung der Erde vom Sirius ist zwar ein ungeheures Quantum in der Zeit, und wenn ich sie in Allheit begreifen will, für meine Phantasie überschwenglich; aber ich lasse mich auch nimmermehr darauf ein, diese Zeitgröße anzuschauen, sondern helfe mir durch Zahlen, und nur alsdann, wenn ich mich erinnere, daß die höchste Raumgröße, die ich in Einheit zusammenfassen kann, z. B. ein Gebirge, dennoch ein viel zu kleines und ganz unbrauchbares Maß für diese Entfernung ist, erhalte ich den erhabenen Eindruck. Das Maß für dieselbe nehme ich also doch von ausgedehnten Größen, und auf das Maß kommt es ja eben an, ob ein Objekt uns groß erscheinen soll.

Höhen erscheinen durchaus erhabener als gleich große Längen, wovon der Grund zum Teil darin liegt, daß sich das dynamisch Erhabene mit dem Anblick der erstern verbindet. Eine bloße Länge, wie unabsehlich sie auch sei, hat gar nichts Furchtbares an sich, wohl aber eine Höhe, weil wir von dieser herabstürzen können. Aus demselben Grund ist eine Tiefe noch erhabener als eine Höhe, weil die Idee des Furchtbaren sie unmittelbar begleitet. Soll eine große Höhe schreckhaft für uns sein, so müssen wir uns erst hinaufdenken und sie also in eine Tiefe verwandeln. Man kann diese

Wir haben mit der Architektur unsere funktionale Reichweite in Kategorien von Zimmer, Treppe, Haus, Straße, Stadt bestimmt. Das *Quantum* ihrer Wirkung auf unsere Sinne braucht als *Magnum* die Mehrschichtigkeit des abschaulichen Angebots.

Die ästhetische Funktion eines Gebäudes ist seine sinnliche Wirkung, man sieht es an, man erkennt es im Ansehen als Gebäudetyp, man nutzt seine Anschaulichkeit zur Orientierung, man erkennt in der Gestaltung andere Gestalten wieder (manche Häuser haben ein Gesicht), man erinnert Gestalten . . .

Die ästhetische Norm der gegenwärtigen Architektur, reduziert deren ästhetische Information. Unsicherheit verhindert die Entscheidung für eine ästhetische Aussage. Man erinnert falsche Aussagen schmerzlich als klassizistische Zitatenfülle, und doch: keine Aussage ist eine falsche Aussage.

Der ästhetische Wert: das Erhabene als sein Maximum. Schiller nennt Oppositionsprinzipien: »Ohne eine gewisse Stärke der Phantasie wird der große Gegenstand gar nicht ästhetisch; ohne eine gewisse Stärke der

Vernunft hingegen wird der ästhetische nicht erhaben.« Mehrdeutigkeit entsteht durch die Vereinigung der Oppositionsprinzipien; ein Beispiel sind die Schlösser von Pascal Schöning (als Gebäudetyp, nicht als romantisches Zitat) für den sozialen Wohnungsbau, in denen Reichtum und Mannigfaltigkeit des Angebots mit der Einheitlichkeit des demokratischen Nutzeranspruchs zusammentreffen. Schlösser haben ästhetischen Wert

Erfahrung leicht machen, wenn man einen mit Blau untermischten bewölkten Himmel in einem Brunnen oder sonst in einem dunkeln Wasser betrachtet, wo seine unendliche Tiefe einen ungleich schauerlicheren Anblick als seine Höhe gibt. Dasselbe geschieht in noch höherem Grade, wenn man ihn rücklings betrachtet, als wodurch er gleichfalls zu einer Tiefe wird und, weil er das einzige Objekt ist, das in das Auge fällt, unsre Einbildungskraft zu Darstellung seiner Totalität unwiderstehlich nötigt. Höhen und Tiefen wirken nämlich auch schon deswegen stärker auf uns, weil die Schätzung ihrer Größe durch keine Vergleichung geschwächt wird. Eine Länge hat an dem Horizont immer einen Maßstab, unter welchem sie verliert, denn so weit sich eine Länge erstreckt, so weit erstreckt sich auch der Himmel. Zwar ist auch das höchste Gebirge gegen die Höhe des Himmels klein, aber das lehrt bloß der Verstand, nicht das Auge, und es ist nicht der Himmel, der durch seine Höhe die Berge niedrig macht, sondern die Berge sind es, die durch ihre Größe die Höhe des Himmels zeigen. Es ist daher nicht bloß eine optisch richtige, sondern auch eine symbolisch wahre Vorstellung, wenn es heißt, daß der Atlas den Himmel stütze. So wie nämlich der Himmel selbst auf dem Atlas zu ruhen scheint, so ruht unsere Vorstellung von der Höhe des Himmels auf der Höhe des Atlas. Der Berg trägt also, in figürlichem Sinne, wirklich den Himmel, denn er hält denselben für unsre sinnliche Vorstellung in der Höhe. Ohne den Berg würde der Himmel fallen, d.h., er würde optisch von seiner Höhe sinken und erniedriget werden.

2. Einiges über die Bedeutung von Größenverhältnissen in der Architektur

Adolf von Hildebrand (1909)

Gar manchem werden, wenn er einmal nachts beim Laternenschein das Gras betrachtet, die einzelnen Halme mit ihren langen Schlagschatten wie Bäume erschienen sein, so daß er in die sonst so einfache Wiese wie in einen geheimnisvollen Wald hineinschaute, in welchem die Käfer als große Ungetüme hausen.

Dadurch, daß ringsherum tiefe Dunkelheit herrscht, ist das beleuchtete Gras die einzige Welt, es tritt in kein reales Verhältnis zur übrigen Natur, das wirkliche Größenmaß hört auf zu sprechen und nun fängt nur die kleine Welt des Grases an zu wirken und sie wird reich und reicher und zum hohen Walde, nur wie aus der Ferne gesehen, oder als wären wir selber zu ihrem Maßstabe zusammengeschrumpft. Die Vorstellung der wirklichen Größe, der Maßstab der Dinge wird ausgeschaltet. Eine Art von Puppenwelt, in die wir versetzt werden, es ist das Kästchen der neuen Melusine. Es hat diese Welt einen geheimnisvollen, heimlichen Reiz. Wir wissen, daß sie nicht unser ist, wir schauen jetzt hinein wie in einen Traum, der im Wachen seine reale Bedeutung verliert und doch einen Besitz in unserem Phantasieleben und in unserer Vorstellungswelt ausmacht. Es ist die Welt der Heinzelmännchen, der Märchen überhaupt. Diese Welt erlischt beim Tageslicht. Der Eindruck des wirklichen Waldes vernichtet diese Waldwelt des Grases, das Gras erhält wieder sein normales Sein. Beides tritt wieder in seine reale Beziehung. Der Gesichtspunkt, aus dem wir beides betrachten, ist dann derselbe, das Bewußtsein der realen Außenwelt.

So schließen sich also diese zwei Welten eigentlich aus und führen ihr getrenntes Dasein, wie das Wachen und Träumen. Es gibt eine Poesie des wachen Zustandes, in der die reale Ordnung der Dinge festgehalten

wird, und eine des Traumes, die diese Ordnung igno-
riert. Es gibt aber auch eine Vermischung der beiden
Welten und es liegt in ihr ein phantastischer Reiz, der
die sogenannte Romantik charakterisiert. Durch die
Vermischung entsteht eine Art Gleichwertigkeit der
beiden Vorstellungswelten. Beide prägen sich als
gleich real oder als gleich unreal ein, wir verlieren die
Grenzen der beiden Welten und verlieren uns selber
in einem Halbdunkel, die Register unseres Bewußtseins gehen durcheinander.

Ganz analoge Verschiebungen des Maßstabs und damit
der Vorstellungen kommen auch bei der architektonischen Gestaltung vor. Es werden Gesamtmotive
oder einzelne Bauglieder verwendet, um kleinere Gebilde zu formen. Es werden zum Beispiel große gotische Turmmotive als Krönung in kleinem Maßstabe
wiederholt. Deutsche Renaissanceschränke zeigen
ganze Palastfassaden, allerlei Kleinkunst, wie Kästchen, Pokale etc., werden als Bauten en miniature behandelt. Ein bezeichnendes Beispiel ist das Sebaldus-
grab von Peter Vischer in Nürnberg.

Es treten wie gesagt Formen, deren Entstehung mit
der Konstruktion im Großen zusammenhängt, wie
zum Beispiel Rund- und Spitzbögen, und deren Vorstellung mit einer gewissen Größe verbunden ist, en
miniature auf und damit ist der reale Boden verlassen
und das Gras wird, um bei meinem Beispiel zu bleiben,
als großer Wald behandelt. Der Formcharakter der
verschiedenen Stile kommt dabei natürlich sehr in Betracht. Der ausgesprochene konstruktive Charakter
eines Spitzbogens läßt sich nicht ausmerzen. Immerhin
besitzt jeder Stil eine von dem konstruktiven Wesen
genügend unabhängige Formsprache, um der romantischen Übertragung nicht notwendig zu bedürfen.

Es ist bezeichnend, daß die Antiken diese Romantik
nicht kennen. Sie haben jeglichen Gegenstand als
reales Gebilde in seinem eigenen Maßstabe und Grö-
ßenverhältnisse zu uns neu geformt. Alles ist im hellen
Tageslicht gedacht, als Teil der realen Welt. Auch die
italienischen Möbel sind als selbständige Gebilde gestaltet, nicht als Spiel mit Erinnerungsbildern großer
Bauten behandelt. Es werden dabei eben nur Formen
benutzt, welche Funktionen ausdrücken, nicht aber im
Großen entstandene konstruktive Bauglieder, oder es

erleiden diese eine so starke Umformung, daß der konstruktive Charakter in einen ornamentalen übergeht.

Die Wiederholung eines Motivs am selben Bau in verschiedenen Größen, wie zum Beispiel die unzähligen verschiedenen großen Türmchen am Mailänder Dom, hat noch einen weiteren Einfluß. Der Turm, der seine reale Bedeutung als Bau hat, in den man hineingehen kann und der also in einem real praktischen Verhältnisse zu uns steht und sein Größenmaß verlangt, wird in kleinem Maßstabe, bei welchem alle diese realen Möglichkeiten, diese reale Bedeutung aufhören, als Turm eigentlich wesenlos, und nur noch als Bild, als Scheinexistenz zum Zweck der Belastung wiederholt und dicht neben den wirklichen realen Turm gestellt.

Variation erscheint in Form der veränderten, verfälschenden Beanspruchung einer bekannten Figur: vgl. *Nevermore*

Bei diesem Spiel mit dem Maßstabe und mit den Vorstellungsarten wird aber überhaupt das Gefühl des Maßstabs und der Realität geschwächt. Es verläßt uns eine sichere Größenempfindung, ähnlich wie es uns im Gebirge ergeht, wo wir keine Gegenstände als bestimmte Anhaltspunkte zum Messen der Entfernung vorfinden. An Stelle des sicheren Raumgefühls tritt ein phantastischer Reiz des Unbestimmten, Unfaßbaren, ein Hauch des Unwirklichen.

Zitat, Verfremdung, Karikatur, Parodie, verfälschende Größenordnung – nichtbestimmbare Quantität schlägt um in die Qualität des Unbestimmbaren

Vergleichen wir diese Romantik in der Architektur mit der in der Poesie, so erscheint erstere viel gewagter. Bei der Poesie, wenigstens bei der erzählenden, versetzt die Sprache als reines Innenprodukt uns überhaupt bloß in die Welt des Vorgestellten. Eine Vermischung von Vorstellungen erster und zweiter Ordnung ist weder so in die Augen springend noch als Gleichnis unseres Phantasielebens etwas Abnormes.

Viel eher ist die Architektur dem Drama zu vergleichen, wo der Vorgang als wirklicher auftritt – aber auch hier bleibt noch der Unterschied bestehen, daß der Bühnenvorgang von der übrigen Realität abgegrenzt wird, nur allein vor uns steht, eine Welt für sich ausmacht –, während der architektonische Bau inmitten der realen Umgebung als Teil derselben Realität dasteht.

In der übrigen bildenen Kunst liegt die Sache anders. Eine plastische Figur ist wie das gemalte Bild immer nur ein Bild der Natur, hat keine Lebensfunktion wie ein Bau, in den wir eintreten. Als Bild ist sie an keine

Größe gebunden, ebenso wie die Natur je nach der Distanz groß oder klein erscheint. Die Figur ist nicht selbst Natur und will es nicht sein.

In der Welt der bildenden Darstellung stört deshalb die Anbringung von Figuren verschiedenen Maßstabes, wenn sie in keinem handelnden und nur in einem architektonischen Zusammenhang gedacht sind, nicht, sie führen dann sozusagen nur eine ornamentale Existenz bezüglich des Maßstabes. Der architektonische Bau ist aber nicht das Bild, sondern das Naturobjekt selbst, und wenn dasselbe Baugebilde doppelt, jetzt als real und dann wieder als bloßes Bild auftritt, so entsteht eine ähnliche Vermischung, als wenn wirkliche Menschen und Statuen auf demselben Fuße verkehren würden.

Es läßt sich nicht leugnen, daß in der romantischen Übertragung an sich ein sozusagen billiges Gestaltungsprinzip liegt. Es handelt sich dabei mehr um die größere oder geringere Feinheit der Association, als um formende Kraft.

Es gibt nun aber auch eine Maßstabsübertragung im entgegengesetzten Sinne. Die architektonische Schnekke ist eigentlich ein ornamentales Gebilde und im kleinen Maßstabe erfunden. Das erste Mal, wo sie meines Wissens groß auftritt, ist an der Mosaikfassade von S. M. Novella in Florenz. Da ist sie nur als Zeichnung groß verwendet, um die beiden Giebelübergänge zu verzieren. Später sehen wir sie bei allen Barockkirchen als wirkliche architektonische Form im großen Maßstab auftreten. Überhaupt liegt im Barock die Neigung, vom Kleinen ins Große zu übertragen, aus dekorativen, ursprünglich kleinen Motiven große architektonische Formen zu machen, also eine Romantik im umgekehrten Sinne, wodurch der konstruktive Charakter des Baues sich in einen rein dekorativen auflöst. Anstatt ins Heimliche, Trauliche zu verkleinern, wird das Große ein vergrößertes Kleines, wir leben auf einem größeren Fuß, führen ein üppigeres Dasein. Wenn wir diese beiden Prozesse sich gegenüberstellen, so möchte es erscheinen, als wäre die romantische Verkleinerung aus der Phantasie des Baumeisters entstanden, weil das Festhalten der architektonischen Form dabei bezeichnend ist, während die Vergrößerung vom Dekorativen ins Archi-

Die Menschen auch als Statuen sehen können, hieße, eine der vielen möglichen Interpretationen als Lesart besonders deutlich vor Augen zu führen, dasselbe leistet der gotische Turmschmuck en miniature als Giebelschmuck – Karikatur, als Spielart des Ästhetischen, Zwiesprache des Architekten mit dem Nutzer, Augenblinzeln . . .

98

tektonische mehr vom Bildhauer ausgegangen zu sein
scheint, dem es überhaupt näher liegt, die Masse als
eine nicht konstruktive, sondern gegebene anzusehen,
die man erst nachher formt, wodurch das konstruktive
Element überhaupt in den Hintergrund gedrängt
wird; man denke an die Anschauung von Michel-
angelo und seine Art, die Form aus dem Stein heraus-
zuholen.

Es läßt sich dieser Unterschied bei der architektonischen Vorstellungsweise überhaupt festhalten. Daß
ein Bau aus einzelnen Teilen sich zusammensetzt, ist
eine praktische Notwendigkeit, inwieweit aber diese
Notwendigkeit in der Formgebung zum Ausdrucke
kommt, ist eine andere Frage. Ich spreche hier nicht
von dem Unterschiede, der darin liegt, ob die reale
Konstruktion mit der Formgebung wirklich zusam-
menfällt, oder ob nur eine fingierte Konstruktion zur
Gliederung verwendet wird, wie bei Renaissance-
bauten. Der Unterschied, den ich hier betonen möchte,
liegt vielmehr darin, ob die Erscheinung des Baues als
ein Zusammengesetztes von Baugliedern, als ein Konstruiertes konzipiert ist und diese Vorstellung betont
zum Ausdrucke kommt, oder ob der Bau vielmehr als
Gesamtmasse vorgestellt ist, aus der die Form erst gewonnen wird, gleichsam wie aus dem Felsen gehauen.
Hier soll die Erscheinung dem Eindrucke des Zusammengesetzten gerade entgegenarbeiten.

vgl. Fritz Schumacher über
das Freilegen und Umhüllen
von Konstruktion

Bei romanischen Bauten zum Beispiel ist bei Tür- und
Fensteröffnungen, indem die Profilierung im Mauer-
körper selbst liegt, die Mauer gleichsam als eine geschlossene und erst nachträglich durchbrochene Wand
vorgestellt und die Tür- und Fensterprofilierung zeigen dabei gleichsam die einzelnen vertikalen Schichten des Gesteins, wie sie bei einem Felsen zum Vorschein kommen. Auch ist die flache reliefartige Orna-
mentik im Romanischen nur aus einer vorhandenen
Fläche gehauen, nicht hinzugesetzt.

Es ist hierbei vielmehr die Vorstellungsweise des betreffenden Künstlers maßgebend, als daß jene Verschiedenheit der Auffassung nach Stilarten zu sondern
wäre. Die Einteilung der Bauten nach den Stilarten ist
deshalb eine zum großen Teil äußerliche, nicht eigentlich künstlerische.

Jeder architektonische Stil hat besondere Eigentümlichkeiten, Fähigkeiten analog den verschiedenen Sprachen. Das, was aber der Künstler damit sagt, läßt sich nicht als Fähigkeit der Sprache ansehen, quasi als ihr latenter Inhalt. Gleich wie es sich bei einem Dichter nicht darum handelt, ob er deutsch, englisch oder französisch geschrieben, sondern was er in seiner Sprache gesagt hat. Es ist deshalb eine oberflächliche, rein formale Einteilung, wenn man die architektonischen Leistungen, das künstlerisch Gute an einem Bau vom Stil ableiten will, in ihm die Erklärung sucht. Das Schaffen in Verhältnissen, die innere Formkonsequenz, das Schalten und Walten mit Gegensätzen und Richtungen ist ein künstlerischer Vorgang und Inhalt, welcher unabhängig vom Stil zu betrachten ist und in der Hauptsache schon vollständig feste Gestalt annehmen kann, ohne überhaupt noch in eine bestimmte Stilart ausgelaufen zu sein oder überhaupt auszulaufen. Das, was bei einem Bau im Halbdunkel als große Masse und in großen Gegensätzen zum Beispiel als geschlossene Wand gegen eine Halle noch wirkt, also das Hauptmotiv in seinen Verhältnissen, bildet den Kern der architektonischen Leistung und ist als solcher genießbar, ohne daß wir erkennen, in welcher Stilart sich der Bau ausdrückt. Das Gute oder Schlechte entsteht also nicht aus der Stilart, sondern hängt von Dingen ab, welche viel allgemeinerer Natur sind. Der Künstler und der Philologe stehen in der Architektur ebenso weit voneinander wie in der Dichtkunst und die Architektur vom Standpunkte der Stilfrage ansehen und erklären wollen, heißt Grammatik treiben und Philologe sein. Daß bei der architektonischen Erziehung heute immer noch der Philologe das Zepter führt, braucht nicht weiter ausgeführt zu werden. Im selben Mißverständnis befindet man sich aber, wenn man den Segen von einem neuen Stil erwartet und sich bemüht, ein Volapük zu erfinden. Als brauchte man eine neue Sprache, um etwas Neues zu sagen.

Die Maßstabsveränderungen haben wir im Obigen im Hinblicke eines bestimmten Einflusses auf unsere Phantasie betrachtet, gewissermaßen im Dienste der Romantik. Wir haben dabei erkannt, daß das Festhalten einer Gegenstandsvorstellung und ihr Übertragen in einen anderen Maßstab als den ihr natürlichen, die Phantasie aus der realen Vorstellungswelt in eine fiktive hinüberziehen kann. Es werden auch Maßstabsverschiebungen, insofern diese durch Gegenstandsvorstellungen angeregt werden, zu dem Zwecke benutzt, etwas größer oder kleiner aussehen zu machen, als es faktisch ist (indem sie vergrößert oder verkleinert zur Darstellung kommen). Hier wird denn also die Gegenstandsvorstellung nicht in dem Sinne benützt, um ihre Bedeutung, ihren Inhalt auch in dem anderen Maßstabe festzuhalten und der Phantasie zu übermitteln, wie beim verkleinerten Turm, sondern nur, um die mit ihr verbundene Größenvorstellung zu verwerten und damit den Größeneindruck des Ganzen zu steigern oder zu schwächen, je nachdem die angewandte Größenvorstellung vergrößert oder verkleinert auftritt. Gäbe ich, um ein recht drastisches Beispiel zu geben, einem Brünnchen von einem Meter Durchmesser die Form, die an ein Waschbecken erinnert, so erscheint dies Brünnchen groß, weil wir die Form eines Waschbeckens mit einer geringeren Größenvorstellung verbinden. Gebe ich jedoch einem Waschbecken von dreißig Zentimeter Durchmesser eine Art Brunnenform, so verkleinert sich das Waschbecken, weil wir einen zusammengeschrumpften Brunnen erblicken. Hier geht die Benutzung und Übertragung der Gegenstandsform darauf aus, die Größenempfindung zu beeinflussen und die auf solche Weise entstandene Größenempfindung beruht auf der Formgebung und hat nichts mit der wirklichen Ausdehnung des Gegenstandes, mit der Dimension des Ganzen zu tun. Es ist dieser geistige, innere Maßstab nicht der äußere, der da entscheidet. Dieser innere Maßstab wird aber nicht nur durch Gegenstandsvorstellung vermittelt, sondern auch durch die räumliche Disposition, in der das einzelne zueinander und zum Ganzen steht, indem es aus dem Ganzen einen einfachen oder komplizierten Gegenstand macht. So kann der innere Maßstab einer kleinen Hausfassade viel größer sein, als der einer großen Kaserne. Das eng aufeinanderfolgende und doch getrennte Fenstermotiv der Kaserne hat an sich einen kleinlichen Maßstab, der sich durch endlose Fortsetzung nicht ändert, während die breitgelagerten wenigen Fenster des kleinen Hauses das Gefühl einer größeren Räumlichkeit erzeugen. So erscheint der antike Tempel viel größer, als er ist, weil

er als ein aus ganz wenigen mächtigen Teilen gebilde-
ter Parterreraum einen einfachen großen Gegenstand
bildet, im Gegensatze zu einem vielstöckigen Haus
gleicher Ausdehnung. Das Gesamtmotiv des antiken
Tempels ist an sich ein groß wirkendes und bedarf
deshalb nicht des Mittels der faktischen Ausdehnung,
um mächtig zu wirken. Oder um ein ganz anderes Beispiel zu wählen, wenn ich einer Figur von bestimmter
Größe die Proportionen einer gedrungenen kleinen
Statur gebe, so wirkt sie bedeutend größer, als wenn
sie die schlanke Proportion eines langen Menschen
hat.

Es mag dies genügen, um verständlich zu machen,
welcher Art die Konsequenzen der Maßstabsverhält-
nisse und wie endlos die Verknüpfungen dieser Konsequenzen zu einem Gesamteindruck sind. Das Gefühl
für diese natürlichen Konsequenzen, die Fähigkeit mit
ihnen zu schalten und zu walten, um sie zu einer Ein-
heitswirkung zu führen, macht die künstlerische Fähigkeit des Architekten aus.

Teil IV

Über Gestaltqualitäten

Vorbemerkung

Es ist das Dilemma dieses Kapitels, daß hier, in nur wenigen kurzen Abschnitten, eine Einführung in die Gestalttheorie – ihre morphologische wie ihre psychologische Komponente streifend – gegeben werden soll und doch nicht gegeben werden kann.

»Über Gestaltqualitäten« ist der Titel einer Abhandlung von Christian von Ehrenfels, die 1890 erschien und in der er erstmals die Kategorie der Gestaltqualität definiert. Wir nehmen wahr und wir erinnern bei einer Melodie nie die ganze Summe der einzelnen Töne und bei einer Architektur nie die ganze Vielfalt der einzelnen Bauglieder – doch wir erinnern beide in ihrem Zusammenhang, die Melodie als eine bestimmte Melodie, die auch in einer anderen Tonart wiederzuerkennen ist, die Architektur als ein bestimmtes Haus, dessen Hausnummer wir nicht brauchen, um dorthin zurückzufinden. Dieses *Mehr* als die Summe der Einzelheiten, der Zusammenhang, den wir wahrnehmen und an den wir uns erinnern, definierte Christian von Ehrenfels, zögernd ob des zu erwartenden Widerstands einer damals entgegengesetzten Wissenschaftsauffassung, als Gestaltqualität. Sein Aufsatz »Über Gestaltqualitäten« trägt Frageform.

Eine Kurzfassung dieser Schrift, die er selbst 40 Jahre später diktierte und die wir hier als ersten Beitrag abdrucken, trägt die Ausführungszeichen im Titel nicht mehr. Die Feststellung der Gestaltqualität ist abgeschlossen. Die Kurzfassung enthält nur noch die wichtigsten Schritte, die zur Definition geführt haben. Die Faszination der Beweisführung durch Umwege ist hier nicht mehr notwendig. Doch um diese zu erinnern und um die Beiträge dieses Kapitels miteinander zu verflechten, sind einige Zitate aus der Langfassung von 1890 den verschiedenen Beiträgen in der Randspalte dort beigegeben, wo sich ein geeigneter Zusammenhang bot.

Erkennen von Gestalt / Gestaltwahrnehmung als Mittel von Erkenntnis hieß der Titel für diesen Teil zuerst. Die Beiträge von Konrad Lorenz und Wilhelm Witte verschränken sich in ihren Definitionen dazu ineinander. Durch die Transposition von Gestaltung gewinnen wir Erkenntnis, »dank ihr sind wir«, schreibt Wilhelm Witte, »in einem Schlaraffenland von Erkenntnis«, das, wären wir auf Erkenntnis durch die Teile als Einzelne und Besondere angewiesen, auf diesem engen Pfad niemals hätte erschlossen werden können. Transposition heißt, vergleichbare Gestalten abzubilden oder abgebildet zu finden in den verschiedenen Gegenständen und Zusammenhängen, die sich der Entschlüsselung durch Erkennen anbieten. Konrad Lorenz beschreibt aus seiner eigenen Forschungsarbeit, wie aus einer Vielzahl von Detailbeobachtungen und Detailexperimenten, die sich alle als Teilgestalten dem Gedächtnis einschreiben, über Jahre hinweg allmählich eine Gestalt, ein Gesetz, ein Bild als Erkenntnis sich herausbildet, das dann ganz plötzlich als ein fertiges in Erscheinung tritt – und wie umgekehrt, eine einmal erlebte Gestalt als lange unbrauchbare Erinnerung gespeichert, einen gleichartigen Zusammenhang ohne Anstrengung auf einmal erschließt.

Am Ende des Kapitels steht der berühmte Abschnitt zur Höhe und Reinheit der Gestalt von Christian von Ehrenfels. Er führt zur Definition des Ästhetischen zurück. Ehrenfels findet eine Möglichkeit, Gestalten einzuteilen, indem er ihre Zusammengesetztheit aus den oppositionellen Eigenschaften Einheit und Mannigfaltigkeit (henogenes und chaotogenes Prinzip) feststellt und diese Zusammengesetztheit mißt. »Die höheren Gestalten unterscheiden sich von den niedrigeren . . . dadurch, daß das Produkt von Einheit und Mannigfaltigkeit hier größer ist als bei jenen. Bei gleichem Grad von Mannigfaltigkeit ihrer Teile sind die Gestalten die höheren, welche diese Mannigfaltigkeit zu einer strengen Einheit verbinden. Bei gleicher Einheit sind die Gestalten die höheren, welche die größere Mannigfaltigkeit umschließen.« Das Maß der Mannigfaltigkeit zum Maß der einheitsstrebenden Ordnung ins Verhältnis gesetzt – diese Verhältnisbestimmung ist nicht weit entfernt von der Birkhoffschen Formel des nächsten Kapitels, so wie die Herausbildung von höheren aus niedrigeren Gestalten, wie sie Ehrenfels im Bild von der Schwalbe beschreibt, mit der Zeichenoperation des Superierens in Vergleich gesetzt werden kann. Der Sprung in die Zeichentheorie führt zum Tun zurück: Gestaltwahrnehmung, Gestaltfindung, Gestalterfindung, Gestaltung sind nur Nuancen eines gleichen Umgangs mit Gestaltqualitäten; und wir befinden uns in einem Schlaraffenland nicht nur der Erkenntnis, sondern auch der Erfindung: der Konstruktion neuer Gestalten. »Aber nicht nur in der Reproduktion, auch in ihrer freien Erzeugung durch die schöpferische Tätigkeit der Phantasie unterscheiden sich die Gestaltqualitäten wesentlich von den Elementarvorstellungen . . . Der Geist, welcher psychische Elemente in neue Verbindungen bringt, ändert hierdurch mehr als Kombinationen: er schafft Neues. Und wenn wir auch annehmen müssen, daß dieses Schaffen kein gesetz- und schrankenloses sei, so können wir doch noch in keiner Weise die Grenzen angeben, welche uns diesbezüglich gezogen sein mögen.« (Aus: »Über Gestaltqualitäten«, 1890)

1. Über Gestaltqualitäten

Christian von Ehrenfels (1932)

Aus
»Über Gestaltqualitäten«,
Langfassung von 1890:

»Es leuchtet ein, daß, um eine Melodie aufzufassen, es nicht genügt, den Eindruck des jeweilig erklingenden Tones im Bewußtsein zu haben, sondern daß – wenn jener Ton nicht der erste ist – der Eindruck mindestens einiger unter den vorausgehenden Tönen in der Erinnerung mitgegeben sein muß. Sonst wäre ja der Schlußeindruck aller Melodien mit gleichem Schlußton ein gleicher. – Geht man aber diesem Gedanken weiter nach, so erkennt man bald, daß es, um eine Melodie von etwa 12 Tönen aufzufassen, auch nicht genügt, den Eindruck der jeweilig 3 letzten Töne in der Erinnerung zu behalten, sondern daß hierzu der Eindruck der ganzen Tonreihe erforderlich ist. – ... Es ist also zweifellos, daß die Vorstellung einer Melodie einen Vorstellungskomplex voraussetzt, und zwar eine

Der Ausgangspunkt von der Lehre über Gestaltqualitäten war der Versuch der Beantwortung einer Frage: Was ist Melodie? Nächstliegende Antwort: die Summe der einzelnen Töne, welche die Melodie bilden. Dem steht aber gegenüber die Tatsache, daß dieselbe Melodie aus ganz verschiedenen Tongruppen gebildet werden kann, wie es beim Transponieren derselben Melodie in verschiedene Tonarten erfolgt. Wäre die Melodie nichts anderes als die Summe der Töne, so müßten, weil hier verschiedene Tongruppen vorliegen, auch verschiedene Melodien gegeben sein. *Ernst Mach*, dem diese Tatsache auffiel, zog hieraus den Schluß, das Wesentliche der Melodie müsse in einer Summe besonderer Empfindungen gegeben sein, welche die Töne als Tonempfindungen begleiten. Diese Empfindungen aber wußte er nicht anzugeben, und tatsächlich können wir in der inneren Wahrnehmung nichts von ihnen entdecken.

Der entscheidende Schritt für die Begründung der Lehre von der Gestaltqualität war nun die Behauptung meinerseits: Wenn die Erinnerungsbilder der aufeinanderfolgenden Töne als ein gleichzeitiger Bewußtseinskomplex vorliegen, so kann im Bewußtsein die Vorstellung einer neuen Kategorie auftauchen, und zwar eine einheitliche Vorstellung, welche auf eine eigentümliche Weise mit der Vorstellung des betreffenden Tonkomplexes verbunden ist. Die Vorstellung dieses Ganzen gehört einer neuen Kategorie an, für welche der Name »fundierte Inhalte« üblich wurde. Nicht alle fundierten Inhalte sind anschaulicher Natur und der Melodievorstellung verwandt. Es gibt auch unanschauliche fundierte Inhalte, wie zum Beispiel die Relation. Das Wesentliche des Verhältnisses zwischen dem fundierten Inhalt und seinem Fundament ist die einseitige Bedingtheit jenes durch dieses. Jeder fundierte Inhalt bedarf notwendig eines Fundamentes. Ein bestimmter Komplex von Fundamentalvorstellungen vermag nur einen ganz bestimmten fundierten Inhalt zu tragen. Aber nicht jedes Fundament muß von einem fundierten Inhalt gleichsam gekrönt und zusammengehalten werden. Mindestens war das meine Ansicht bei der Konzeption des Begriffes der Gestaltqualität. Andere waren anderer Ansicht, nämlich daß die Gestaltqualität mit dem Fundament notwendig gegeben sei, und daß die Arbeit, welche wir etwa bei der Auffassung einer Melodie leisten, nicht in dem Produzieren des fundierten Inhaltes, sondern lediglich in seinem Bemerken gelegen sei. Der erstgenannten Richtung gehörten *Meinong* und sein Schüler *Benussi* an, während die zweite Richtung durch *Wertheimer* und *Köhler* vertreten wird.

Die Gestaltqualitäten lassen sich in Auffassung von Vorgängen und von Momentzuständen einteilen. Ich habe diese Gruppen als zeitliche und zeitlose Gestaltqualitäten unterschieden. Beispiele für Vorgänge sind Melodie und Bewegung. Für Momentzustände, Harmonie und dasjenige, was man im gewöhnlichen Leben als Raumgestalt bezeichnet. Es gibt aber nicht nur Ton-, sondern zum Beispiel auch Farbenmelodien und ebenso Farbenharmonien. Ja, auf dem Gebiet sämtlicher Sinnesqualitäten müssen sich Analoga von Melodie und Harmonie finden lassen. Das Verbreitungsfeld der Gestalten ist aber viel größer, als aus diesen Beispielen erhellt. Zunächst gibt es Gestalt nicht nur auf dem Gebiet der Töne, sondern auch der Schallempfindungen, welche man, zum Unterschied von den Tönen und Klängen, Geräusche nennt. Die Sprache besteht aus solchen Geräuschen, wenn auch in den einzelnen Vokalen, als Elementen, sich Töne unterscheiden lassen. Jedes Wort der Sprache ist eine Gestaltqualität. Von der Verbreitung der Gestaltqualitäten im psychischen Leben kann man sich auch daraus einen Begriff machen, daß die sogenannten Assoziationsgesetze viel häufiger bei Gestalten als bei Elementen in Kraft treten. So zum Beispiel assoziieren sich an das Bild einer Persönlichkeit physisch ganz gewiß und psychisch aller Wahrscheinlichkeit nach eine Gestaltqualität, nach dem Gesetz der Ähnlichkeit zahlreiche Bilder anderer Persönlichkeiten, während

Summe von einzelnen Tonvorstellungen mit verschiedenen, sich aneinander anschließenden zeitlichen Bestimmtheiten. — Wir können somit unsere früher aufgeworfene Frage in bezug auf das tonale Vorstellungsgebiet folgendermaßen präzisieren: Gesetzt, es werde die Tonreihe t_1, t_2, t_3 . . . t_n nach ihrem Ablauf von einem Bewußtsein S »als Tongestalt aufgefaßt« (so daß also in demselben die Erinnerungsbilder sämtlicher Töne gleichzeitig vorhanden seien), — gesetzt ferner, es werde nebenbei die Summe jener n Töne, jeder mit seiner besonderen zeitlichen Bestimmtheit, von n Bewußtseinseinheiten dergestalt zur Vorstellung gebracht, daß jedes dieser n Individuen nur eine der n Tonvorstellungen im Bewußtsein habe, so taucht nun die Frage auf, ob das Bewußtsein S, in dem es die Melodie auffaßt, mehr zur Vorstellung bringt als die n übrigen Individuen zusammen.«

»Eine analoge Frage könnte man begreiflicherweise auch bezüglich der Raumgestaltung erheben.

Ja, die Verhältnisse ständen dort (weil alle Teile des der Gestalt zugrunde liegenden Komplexes gleichzeitig gegeben sind) sogar viel einfacher, wenn nicht die verschiedenen Theorien über die Entstehung der Raumvorstellung beirrend wirken oder mindestens eine Verständigung erschweren würden. Dennoch dürften wohl die Anhänger der verschiedensten Richtungen es nicht bestreiten, daß die Vorstellungen der verschiedenen Teile einer gesehenen Figur durch verschiedene Empfindungen vermittelt werden – (mögen auch die Meinungen über die Natur jener Empfindungen noch so weit auseinandergehen). Denkt man sich nun diese letzteren auf der einen Seite in einem einzigen Bewußtsein zusammengefaßt, auf der anderen unter n Bewußtseinseinheiten verteilt, so kann man, wie früher bezüglich der Melodie, so hier bezüglich der Raumgestalt fragen, ob sie mehr sei, als die Summe der einzelnen »örtlichen Bestimmtheiten«, ob das Bewußtsein, welches die betreffende Figur auffaßt, mehr zur Vorstellung bringe, als alle übrigen n Individuen zusammengenommen.«

sich an die Vorstellung eines einfachen Elementes, zum Beispiel eines Tones oder einer Farbe, durchaus nicht die Vorstellungen anderer Elemente assoziieren. Unser Gedächtnis für einfache Elemente auf dem Gebiet der Töne, das sogenannte absolute Gehör, ist ungleich weniger ausgebildet als das Gedächtnis für Melodien und Harmonien. Die sogenannten mnemotechnischen Hilfsmittel gründen sich auf Gestaltqualitäten. Das Wesen dieser Mittel besteht darin, daß eine Gestaltqualität aufgefunden wird, welche sich dem Gedächtnis aus irgendeinem Grunde leicht einprägt, und deren Teile mit den im Gedächtnis zu behaltenden Vorstellungsobjekten in einer gewissen stereotypen Beziehung stehen, wie zum Beispiel das vielzitierte leicht in die Ohren gehende Sprachgebilde: Kilometertal, Euer Urpokal, wo die beiden ersten Silben leicht den Namen Klio assoziieren und jede weitere Silbe mit der ersten Silbe des Namens der neun Musen identisch ist.

Der Glaube an Gestaltqualitäten liegt auch meiner Kosmogonie zugrunde. (...)

2. Gestaltwahrnehmung als Erkenntnisleistung

Die hier wiedergegebenen Abschnitte mußten, wegen des Rahmens, den Buchumfang und Thema setzen, aus dem Zusammenhang des sehr viel längeren Aufsatzes gelöst werden; sie können die anschauliche Argumentation des Ganzen nur andeuten

Konrad Lorenz (1959)

Die Gestaltwahrnehmung als Konstanzleistung

Ich vermag keinen grundsätzlichen Unterschied zwischen den zuvor skizzierten Mechanismen der optischen Formkonstanz und denen der Gestaltwahrnehmung zu sehen. Es ist eine sehr kontinuierliche Kette von einfacheren und komplizierteren Mechanismen, die es uns ermöglichen, ein für unser Überleben ausreichendes Bild der uns umgebenden Dinge zu erlangen, und sie trotz dauernden Wechsels der Wahrnehmungsbedingungen als »dasselbe« wiederzuerkennen. Ja, es ist sogar irreführend, von einer »Kette« zu reden, da alle zusammen ein System bilden, in dem alles mit allem in funktioneller Wechselbeziehung steht. Größentransponierbare Formkonstanz zum Beispiel ist in der Leistung der Größenkonstanz ganz ebenso enthalten, wie umgekehrt.

Zur Größen- und Formkonstanz vgl. den Abschnitt »Transposition und Konstanz« in dem Aufsatz von Wilhelm Witte

Die kennzeichnende Objektivationsleistung aller Konstanzmechanismen beruht, wie schon zuvor gesagt, auf dem Herausgliedern einer in den Sinnesdaten obwaltenden Gesetzlichkeit, die, vor allem bei der Formkonstanz, so komplex sein kann, daß ihre Abhebung vom »Hintergrund« des Akzidentellen einer echten, rationalen Abstraktion analog erscheint. Der Mechanismus, der diese spezielle Leistung vollbringt, erweist sich nun als fähig, auch eine allgemeinere zu bewältigen. Er erweist sich imstande, nicht nur jene Gesetzlichkeiten als konstant wahrzunehmen, die sich aus der Konstanz der den Gegenständen anhaftenden Eigenschaften ergeben, sondern auch solche, die in irgendwelchen anderen Reiz-Konfigurationen, vor allem auch in ihrem zeitlichen Aufeinanderfolgen, enthalten sind.

An und für sich ist die Wahrnehmung zeitlicher Gegebenheiten nichts für die komplexe Gestaltwahrnehmung Besonderes und Neues. Sie spielt sicher auch in den niedrigeren Wahrnehmungsleistungen, wie bei der besprochenen Richtungskonstanz, bei der Bewegungskonstanz u. ä. eine Rolle. Die Anschauungsform der Zeit ist der des Raumes merkwürdig nahe verwandt, ist sie doch überhaupt nur im Gleichnisse einer Bewegung im Raume ausdrückbar, was sich schon in der doppelten Verwendbarkeit raum-zeitlicher Präpositionen, wie »vor«, »nach«, ebenso auch in der bildhaften Ethymologie der Worte Zukunft und Vergangenheit usw. bemerkbar macht. Aber auch das

Paul Valéry spricht
von einer
Chronologie des Raums

Umgekehrte, die Beschreibung von Räumlichem in den Gleichnissen von Vorgängen in der Zeit, ist uns durchaus geläufig, etwa wenn wir vom »Verlauf« einer »gewundenen« Linie oder der »Ausdehnung« eines Gegenstandes sprechen. Diese bis zur gegenseitigen Vertretbarkeit gehenden Parallelen zwischen den Anschauungsformen des Raumes und der Zeit sind sicher nicht nur kennzeichnend für die Sprachsymbolik des Menschen, sondern entspringen der primären Gegebenheit, daß eine Bewegung räumliche und zeitliche Ausdehnung besitzt. Jene zentrale Repräsentation des Raumes, die als Vorstufe menschlicher Anschauungsform bei vielen Organismen vorhanden ist, entstand selbstverständlich nur bei frei beweglichen Wesen, die gezwungen waren, ihre Bewegungen im Raum zu orientieren. Es läßt sich durch vergleichende Betrachtung sehr schön zeigen, wie sich das »zentrale Raum-Modell« Hand in Hand mit den gesteigerten Anforderungen an die Orientierungsfähigkeit der Bewegungen höher und höher differenziert hat.

Angesichts dieser Tatsachen ist es etwas weniger verwunderlich – wenn auch immer noch höchst wunderbar –, daß bei der Wahrnehmung von Vorgängen in Raum und Zeit und bei derjenigen von nur-räumlichen Gestalten die Leistungen des Transponierens, des Abhebens vom Akzidentellen und von elementaren Sinnesdaten, und vor allem die des Abhebens konstanter Gesetzlichkeiten, in nahezu gleicher Weise vor sich gehen. Eben deshalb ist es für die Diskussion der komplexesten und echter Abstraktion nächstverwandten Funktionen der Gestaltwahrnehmung beinahe gleichgültig, ob man die Beispiele aus dem Bereich der nur-zeitlichen Gestalten, wie etwa der Melodien, dem der raum-zeitlichen Gestalten von Bewegungen, oder nur-räumlicher Konfigurationen wählt, was sich der Anschaulichkeit halber empfiehlt, obwohl es eine rein statisch-räumliche Gestaltwahrnehmung genaugenommen nicht, oder doch nur im Spezialfalle der tachistoskopischen Darbietung, gibt. In allen anderen Fällen wandert stets das Auge über die gesehene Konfiguration, womit die in der Zeit sich abspielenden Mechanismen der Richtungskonstanz bereits ins Spiel kommen.

Genaugenommen steckt in der Wahrnehmung jeder »zeithältigen« Gestalt etwas von Gedächtnisfunktion, da zum Überblicken ihrer Konfiguration ein, wenn auch nur kurzes, Festhalten der Anfangsglieder nötig ist, mit alleiniger Ausnahme des eben erwähnten Spezialfalles. Ich glaube, daß es eine auf anderer Ebene sich abspielende Leistung des Lernens und des Gedächtnisses ist, die bei dem Zustandekommen der nun zu besprechenden, komplexesten Gestaltwahrnehmung eine ausschlaggebende Rolle spielt. Die dabei benötigte Zeit ist um viele Zehnerpotenzen länger. Die konstante Farbe, Größe eines Sehdings wird buchstäblich augenblicklich in ihrer endgültigen Form übermittelt, das Überblicken einer kurzen Zeitgestalt dauert kaum länger als sie selber. Eine wirklich komplexe Gestalt, etwa eine Physiognomie, müssen wir mehrmals gesehen, ein polyphones Musikstück mehrmals gehört haben, bis die Gestalt, als die wir diese Konfiguration wahrnehmen, ihre endgültige Qualität angenommen hat. Ja, man könnte vielleicht etwas überspitzt sagen, daß solche komplexesten Gestalten überhaupt nie eine wirklich endgültige Qualität erreichen, sondern sich bei jeder Wiederholung der Wahrnehmung, bei jeder weiteren kleinen Zunahme des Bekanntheits-Grades, immer noch ein ganz klein wenig ändern, daß sich immer noch neue kleine Regelhaftigkeiten vom Hintergrund des Akzidentellen abheben und ein immer tieferes Eindringen in die Struktur des Ganzen gestatten.

Die Beteiligung von Lernen und Gedächtnis am Zustandekommen der komplexen Wahrnehmung macht nämlich das »Abstrahieren« der Gestalt aus dem Hintergrund chaotischer Reizdaten selbst dann noch mög-

Architektur ist eine *»zeithältige Gestalt«.* Der Betrachter erlebt sie in Bildausschnitten

lich, wenn sie von dem »Lärm« der letzteren so stark
übertönt wird, daß in einer einmaligen Darbietung
nicht genügend Information betreffs der Gestalt-
gesetzlichkeit enthalten ist. In einem Vorgang des
Sammelns von Informationen, der sich über Jahre, ja
über Jahrzehnte erstrecken kann, schafft die Gestaltwahrnehmung im Verein mit dem – in dieser speziellen Leistung ganz rätselhaft guten – Gedächtnis eine
so breite »Induktionsbasis«, daß auf deren Grundlage
die gesuchte Regelmäßigkeit »statistisch gesichert« erscheint. Die Anführungszeichen sollen hier wirklich
Analogie der ratiomorphen zur rationalen Leistung
ausdrücken. Als ich einst auf einem Kongreß ausführlich über diese Vorgänge sprach und beschrieb, wie
man bei der Beobachtung komplexer tierischer Ver-
haltensweisen buchstäblich Tausende von Malen denselben Vorgang sehen kann, ohne seine Gesetzmäßigkeit zu bemerken, bis urplötzlich, bei einem weiteren
Male, ihre Gestalt sich mit so überzeugender Klarheit
vom Hintergrunde des Zufälligen abhebt, daß man
sich vergeblich fragt, wieso man sie nicht schon längst
gesehen habe, faßte *Grey-Walter* meine etwas lange
Rede in einem Satz zusammen: »Redundancy of
information compensates noisiness of channel« – Wiederholung der Information kompensiert den über-
lagernden »Lärm«.
Die klärende Mitwirkung dieser, nur unter Mitwirkung von Lernen und Gedächtnis denkbaren Aus-
schaltung des Akzidentellen ist wahrscheinlich die
Voraussetzung dafür, daß die Gestaltwahrnehmung
zu einer gänzlich neuen Leistung fähig wird, die in
der Stammesgeschichte offenbar sehr spät aufgetreten
und erst beim Menschen zu hoher Blüte gekommen
ist. Dieselben Mechanismen, die Dingkonstanz bewirken und die im Laufe der Phylogenese ganz sicher
nur im Dienste dieser Leistung herausgebildet wurden, sind, wie wir oben gesehen haben, in einer Ver-
allgemeinerung ihrer Leistung imstande, auch andere
Gesetzlichkeiten, wie kurzfristige Zeitgestalten, zu erfassen. Ohne eigentliche Veränderung ihrer physiolo-
gischen Struktur vermögen dieselben Mechanismen
aber auch etwas ganz anderes: Aus einer größeren
Anzahl individueller Konfigurationen, die in erheb-
lichem Zeitabstand geboten sein können, »abstrahie-

ren« sie eine in ihnen allen obwaltende, überindividuelle Gesetzlichkeit.

Die »Schwächen« und die »Stärken« der Gestaltwahrnehmung

Wenn irgendwo in der Physiologie des Zentralnervensystems die Kenntnis moderner Rechenmaschinen mehr als ein bloßes Denkmodell vermittelt, so ist es in der jener Mechanismen, die aus Sinnesdaten die Information unserer Wahrnehmung ziehen. Weit davon entfernt, den Eindruck des prinzipiell Unerforschlichen zu machen und zu mystisch-vitalistischen Deutungen zu verleiten, tragen ihre Leistungen – und noch mehr ihre höchst aufschlußreichen Fehlleistungen – so sehr die Kennzeichen des Mechanischen oder, besser gesagt, des Physikalischen, daß sie mehr als jede anderen ähnlich komplexen Lebenserscheinungen geeignet sind, unseren Forschungsoptimismus zu bestärken. Paradoxerweise sind es also gerade die Fehlleistungen dieses Apparates, die unsere Überzeugung festigen, daß er etwas Wirkliches ist, das sich mit Wirklichem in der außersubjektiven Realität auseinandersetzt und uns Wahres über diese Wechselwirkung mitteilt, wenn auch selbstverständlich nur annäherungsweise – mehr aber vermögen auch die allgemeinsten und am wenigsten »anthropomorphen« Formen möglicher Erfahrung nicht, weder die Kategorie der Kausalität noch die der Quantität.

Man muß allerdings die spezifischen Funktionseigenschaften der Gestaltwahrnehmung wachsam im Auge behalten, um zu vermeiden, daß sie zu Quellen wissenschaftlichen Irrtums werden. Die Gestaltwahrnehmung ist nur ein einziges, für eine ganz spezielle Funktion spezialisiertes Glied des Systemganzen unserer Erkenntnisfunktionen. Die besondere arterhaltende Leistung aber, deren Selektionsdruck diese Spezialisation verursacht hat, ist die des Entdeckens von Gesetzlichkeiten.

Der Empfindlichkeit dieses »Detektors« sind nun gewisse andere Eigenschaften geopfert worden, und daraus ergibt sich die für die kritische Auswertung der Gestaltwahrnehmung wichtigste und daher hier als

Aus den »Weiterführenden Bemerkungen« von Christian von Ehrenfels (1922):
»Auch auf dem Gebiet der Erkenntnistheorie erweist sich die Gestaltlehre als fruchtbar. Immer wieder tauchen dort die Versuche auf, zwei voneinander wesentlich verschiedene Geistesprozesse zu unterscheiden, welche uns beide zur Wahrheit führen sollen: – das mit den

Mitteln der Logik arbeitende Erkennen und eine andere, ihre Objekte unmittelbar erfassende Tätigkeit, welche man als Intuition, als Divination, als Schauen oder durch ähnliche Ausdrücke bezeichnet. – Tatsächlich unterscheidet sich die letztere Art – insofern sie wirklich ihre Eignung, zur Wahrheit zu führen, beibehält – von der ersteren nur dadurch, daß sie mit höhergeordneten oder weiter umfassenden Gestaltvorstellungen und aus solchen gebildeten Begriffen operiert – mit Gestaltvorstellungen häufig, zu deren Erfassung nicht alle – oder auch nur ein sehr kleiner Teil der Menschen die geistige Kapazität besitzen. Die Art der Operation aber mit diesen Begriffselementen muß die in der Logik anerkannte bleiben. Wer sich darüber hinauszusetzen versucht – wer im Bewußtsein seiner Überlegenheit einer besonderen Geistesfähigkeit teilhaft zu sein glaubt und sich gewöhnt, Eingebungen nachzujagen, statt Erkenntnisse zu erarbeiten –, der erleidet auch regelmäßig eine jämmerliche Niederlage.«

erste zu besprechende Möglichkeit zu Fehlleistungen. In analoger Weise wie bei vielen Sinnesleistungen ist die Empfindlichkeit des Ansprechens komplexer Gestaltwahrnehmung bis hart an jene Grenze gesteigert, jenseits derer die Gefahr auftritt, daß durch Selbsterregung des Apparates Meldungen zustande kommen, denen gar kein von außen kommender Reiz entspricht. Genau dieselbe Grenze für die Steigerung der Empfindlichkeit eines Empfangsapparates besteht auch in der Technik, man kann zum Beispiel die Empfindlichkeit eines Mikrophones nur so weit steigern, bis »Eigenrauschen« auftritt.

Diesem »Eigenrauschen« entspricht bei der Gestaltwahrnehmung jenes Phänomen, das von verschiedenen ihrer Untersucher als »Gestaltungsdruck«, »Prägnanztendenz«, »Tendenz zur Gestalt schlechthin« usw. bezeichnet wurde. Die Erscheinung besteht kurz gesagt darin, daß die Wahrnehmung solche Sinnesdaten, die sich einer Interpretation im Sinne einer in ihnen obwaltenden Gesetzlichkeit beinahe, aber nicht ganz, fügen, in solcher Weise umfälscht, daß sie es nunmehr zu tun scheinen. Offensichtlich der gleiche Mechanismus kann sich auch dahin auswirken, daß Sinnesdaten, die sich im Sinne von zwei alternativen Gesetzlichkeiten interpretieren lassen, stets im Sinne der einfacheren, »prägnanteren«, der beiden gedeutet werden, und zwar selbst dann, wenn die erstere Deutung die richtige ist und zur Aufrechterhaltung der zweiten ein »Retouchieren« von Sinnesdaten nötig wird.

Wenn die in den Sinnesdaten enthaltene Information sich gleich gut zur Stützung von zwei – manchmal entgegengesetzten – Auslegungen verwenden läßt, so meldet uns unsere Wahrnehmung nicht diese Zweideutigkeit, sondern »entschließt« sich für eine der Deutungen und teilt uns diese als »wahr« mit. Die Zähigkeit, mit der sie an dieser »willkürlichen« Wahl festhält, wechselt stark, plötzliches Umschlagen kommt vor und kann vom Geübten absichtlich gefördert werden, wie im allbekannten Fall der Drehrichtung von Schattenbildern. Einen analogen Fall auf der Ebene komplexester, auf Lernen gegründeter Gestaltwahrnehmung beobachtete ich an mir selbst beim Erkennen genau intermediärer Mischlinge zwischen zwei mir gut bekannten Tierarten. Als ich zum ersten Mal und völlig unerwartet einen Hybriden zwischen Hausgans und Höckerschwan erblickte, »erkannte« ich ihn zuerst als Schwan, zweifelte in der nächsten Sekunde an meiner geistigen Gesundheit, weil ich eine Hausgans für einen Höckerschwan hatte halten können, und erst nach mehrmaligem Hin- und Her-Umschlagen der Gestaltwahrnehmung wurde mir klar, was ich wirklich sah. Dann konnte ich, mit etwas Augenzwinkern, die Gestalt des Vogels willkürlich umschlagen lassen und ihn abwechselnd als Gans und als Schwan sehen, ganz wie man die Drehrichtung des von einem rotierenden Gegenstand entworfenen Schattenbildes umschlagen lassen kann.

Unter Wahrnehmungsbedingungen, die eine Verminderung der Deutlichkeit der einzelnen Sinnesmeldungen bewirken, ist der »Phantasie« des in Rede stehenden Vorganges größerer Spielraum gegeben. Wie besonders *Sander* in seinen bekannten Versuchen mit tachistoskopischer Darbietung unvollständiger geometrischer Figuren zeigte, fälscht dann die Gestaltwahrnehmung ganz erheblich im Sinne größerer Regelhaftigkeit und Prägnanz des Wahrgenommenen. An Bildhauern und Malern kann man oft beobachten, daß sie von dem eben Geschaffenen zurücktreten und es durch fast völlig geschlossene Lider betrachten, im nächsten Augenblick aber scharf ansehen. Diese »Technik« benutzt die Prägnanztendenz, indem sie ihr durch absichtliches Unscharf-Machen des Bildes Gelegenheit gibt, es in Richtung der angestrebten Regelhaftigkeit zu verändern, um die Diskrepanz zwischen der gesuchten Gestalt und dem tatsächlich gegebenen festzustellen. Der gleichen Eigenart der Gestaltwahrnehmung bedient sich der Porträt-Photograph, indem er absichtlich etwas unscharf einstellt, wie die Mode, die durch einen Schleier ein Frauengesicht regelmäßiger erscheinen läßt, als es tatsächlich ist, usw.

Damit kommen wir zu der zweiten, nächst der Prägnanztendenz als Fehlerquelle gefährlichsten Funktionseigenschaft der Gestaltwahrnehmung, nämlich ihrer grundsätzlichen Unbelehrbarkeit. Der Mechanismus, der dazu gemacht ist, in den Sinnesdaten obwaltende Gesetzlichkeiten zu entdecken, erhält seine

Informationen offenbar fast ausschließlich von der Peripherie. Die Fälle, in denen man die Wahrnehmung zwischen zwei gleich guten »Hypothesen« willkürlich hin – und her – umschlagen lassen kann, bilden die einzigen mir bekannten Beispiele für eine nachweisbare Beeinflussung des Wahrnehmungsmechanismus durch höhere Instanzen des Zentralnervensystems. Deshalb werden die Fehlmeldungen komplexester und höchst ratiomorpher Gestaltwahrnehmung ebenso unkorrigierbar festgehalten wie die einfachster Konstanzmechanismen. Während sich aber der Wahrnehmende bei diesen der Täuschung leicht bewußt wird, verleitet ihn gerade bei den höchsten Leistungen der Gestaltwahrnehmung ihr Ratiomorphismus dazu, Pseudo-Rationalisierungen vorzunehmen und zu glauben, er sei überhaupt nicht durch unbewußte Wahrnehmungsvorgänge, sondern auf rationalem Weg zu seinem Ergebnis gelangt.

Die dritte große Schwäche der Gestaltwahrnehmung, die zwar nicht wie die vorbesprochenen Funktionseigenschaften der Prägnanz-Übertreibung und der Unbelehrbarkeit zu tatsächlichen Falschmeldungen führt, aber doch ihre allgemeine wissenschaftliche Verwendbarkeit erheblich beeinträchtigt, liegt in der großen Verschiedenheit der Ausbildung bei verschiedenen Menschen. Zur Gestaltwahrnehmung besonders begabte Menschen neigen dazu, jene zu verachten, die das, was sie selbst ganz selbstverständlich wahrnehmen, nicht zu sehen vermögen und seine rationale Verifikation – mit vollem Rechte – fordern. Rational und analytisch begabte Denker, die ja selten gleichzeitig hervorragende Fähigkeiten zur Wahrnehmung komplexer Gestalten besitzen, halten den in dieser Hinsicht begabten für einen Schwätzer, weil sie den Weg, auf dem er zu seinen Ergebnissen gelangte, nicht nachzuvollziehen vermögen, und dazu noch kritiklos, weil er die Verifikation des Wahrgenommenen nicht für wichtig nimmt.

Wenn auch diese Schwierigkeit des gegenseitigen Verständnisses mit einiger Einsicht in die Natur der Gestaltwahrnehmung leicht überwindbar ist, bleibt doch die individuelle Verschiedenheit der Begabung zum Gestaltsehen ein Hemmschuh seiner wissenschaftlichen Verwertbarkeit, schon deshalb, weil es sich nicht lehren, ja kaum durch Lernen und Übung verbessern läßt.

Eine vierte, an sich recht interessante Schwäche der Gestaltwahrnehmung ist ihre Empfindlichkeit gegen Selbstbeobachtung. Sowie man auch nur seine Aufmerksamkeit auf ihre Funktion richtet, ist diese erheblich gestört. Eine eigene Erfahrung mag dies illustrieren. In meiner Heimat gibt es im Sommer nur Rabenkrähen und keine Saatkrähen. Die erste Saatkrähe, die ich bei Beginn des Herbstdurchzugs fliegen sah, fiel mir stets augenblicklich als solche auf, niemals verwechselte ich dabei die nur in winzigsten Proportions-Einzelheiten verschiedenen Flugbilder von Saatkrähe und Rabenkrähe, stets erwies sich beim Näherkommen des Vogels und Sichtbarwerden anderer Merkmale die Diagnose als richtig. Dagegen ergab der bewußt angestellte Versuch, die Flugbilder zu unterscheiden, eine rein zufallsgemäße Verteilung meiner Aussagen. Das rational gesteuerte Beachten wahrgenommener Einzelheiten stört offenbar das Gleichgewicht, das zwischen ihnen herrschen muß, sollen sie sich zu einer ganzheitlichen Gestalt zusammenfinden. Dies beeinträchtigt leider die wissenschaftliche Verwendbarkeit der Gestaltwahrnehmung ganz erheblich.

In den eben besprochenen Hinsichten, das heißt in bezug auf ihre Tendenz zur Prägnanz-Übertreibung, ihre Unbelehrbarkeit, ihre unvoraussagbaren individuellen Verschiedenheiten und die Tatsache, daß sie nicht oder kaum gelehrt werden kann, ist die Gestaltwahrnehmung den funktionell analogen rationalen Leistungen ausgesprochen unterlegen. Überlegen ist sie ihnen in zwei wesentlichen Punkten.

Erstens ist die Gestaltwahrnehmung imstande, eine unvermutete Gesetzlichkeit zu entdecken, wozu die rationale Abstraktionsleistung absolut unfähig ist. Abgesehen von einigen hochmodernen Rechenmaschinen, die imstande sind, aus der Superposition sehr vieler Kurven eine in ihnen allen enthaltene Gesetzmäßigkeit zu entnehmen, besitzen wir kein Mittel, vor allem keine rationale im Zentralnervensystem sich abspielende Leistung, die imstande ist, Gesetzmäßigkeiten zu entdecken. Immer ist die Fragestellung, das heißt die Vermutung einer Gesetzmäßigkeit, nötig, ehe es möglich wird, sie nachzuweisen.

Hierin steckt auch der Verweis auf die Schwierigkeit einer verbalen Beschreibung nichtverbaler Gestalten, seien sie Bilder, Plastiken oder Architektur. Beschreibungen müssen, durch die Übersetzung ins Nacheinander der Worte, gerade den Zusammenhang auflösen, der das Gestalthafte des Gegenstands ausmacht. Für die Architektur gibt es einen Umweg über die Beschreibung einer Handlung, die, eine zeitliche Komponente in die räumliche Gestalt einbringend, den Zwischenschritt für die Beschreibung liefert. Räumliche Gestalt bildet sich dann in den Zwischenräumen der Handlung. (Vgl. Volker Klotz: »Die erzählte Stadt in den Werken von Lesage, Hugo, Zola, Defoe, Raabe . . .«)

Zweitens vermag die Gestaltwahrnehmung, wie sie gezeigt wurde, mehr Einzeldaten und mehr Beziehungen zwischen diesen in ihre Berechnung einzubeziehen als irgendeine rationale Leistung. Selbst eine auf breitester Statistik aufgebaute Korrelationsforschung kommt in dieser Hinsicht nicht an sie heran, und nur die erwähnten Maschinen zur Auswertung komplexer Kurven leisten auf dem engen Bereiche, auf den sie anwendbar sind, annähernd gleiches wie der Mechanismus der Gestaltwahrnehmung. *Goethes* Aussage: »Das Wort bemüht sich nur umsonst, Gestalten schöpferisch aufzubaun« ist eben deshalb richtig, weil die rationale Übersicht über die Daten unmöglich ist, die im linearen, zeitlichen Nacheinander der Wortsprache übermittelt werden. Vor allem genügt diese Übersicht nie und nimmer, um die unzähligen, kreuz und quer bestehenden Beziehungen zwischen den Einzeldaten zu erfassen. Das Hindernis liegt hierbei sehr wahrscheinlich in einem Versagen des Gedächtnisses. Liest man zum Beispiel in einem zoologischen Lehrbuch die Beschreibung eines Vogels, so kann man sich aus ihr vor allem deshalb kein »Bild« machen, weil man längst vergessen hat, wo etwa ein brauner Streifen beschrieben wurde, wenn man die Schilderung der benachbarten Körperregionen liest. Daß es prinzipiell möglich ist, aus zeitlichem Nacheinander von Einzeldaten eine Gestalt aufzubauen, beweist die Bildtelegraphie und das Fernsehen, bei dem allerdings die Übermittlung so schnell erfolgen muß, daß das positive Nachbild die Aufgabe übernimmt, an der bei der sprachlichen Schilderung unser Gedächtnis scheitert.

Das Gedächtnis, das sich weigert, Einzeldaten zu behalten und es uns dadurch zu ermöglichen, sie rational zueinander in Beziehung zu bringen, ist merkwürdigerweise imstande, die gegenseitige Beziehung, die »Konfiguration« von sehr vielen Daten, sehr genau und auf lange Zeiträume zu behalten, woferne die Wahrnehmung es war, die ihm diese Beziehungen mitgeteilt hat. In dieser Hinsicht vollbringt es wahre Wunderleistungen, wofür nur ein Beispiel angeführt sei, das jedem Mediziner geläufig sein wird. Man hat irgendeinen Symptomkomplex, vielleicht vor Jahren, ein einziges Mal gesehen, häufig, ohne bei dieser

ersten Darbietung bewußt eine besondere Gestaltqualität wahrzunehmen. Sieht man nun aber denselben Komplex ein zweites Mal, so kann es vorkom-
men, daß urplötzlich, aus der Tiefe des Unbewußten,
die Gestaltwahrnehmung mit der unbezweifelbaren
Meldung hervortritt: »Genau dieses Krankheitsbild
hast du irgendwann schon einmal gesehen!«
Die überraschende Leistung des Gedächtnisses im
Festhalten von Gestalten ist es ja auch, die es der Gestaltwahrnehmung ermöglicht, im Laufe der Jahre
einen so gewaltigen Schatz an Tatsachenmaterial an-
zusammeln. Er übertrifft an Zahl der festgehaltenen
Tatsachen ganz gewaltig das rationale Wissen, das ein
Forscher bewußt und verfügbar je zu besitzen vermag.
Gleichzeitig aber beeinflußt der Umfang dieses unbewußten Wissens die Wahrscheinlichkeit der Richtigkeit der Wahrnehmungs-Meldung in ganz genau gleicher Weise, wie die Breite der Induktionsbasis die
Verläßlichkeit jedes rational gewonnenen Ergebnisses
beeinflußt: In beiden Fällen ist die Wahrscheinlichkeit
der Richtigkeit der Breite der Tatsachenbasis direkt
proportional.
Die über lange Zeiträume sich erstreckende Tat-
sachen-Kumulation, die für die ratiomorphe Wahr-
nehmungsleistung das Analogon der Induktionsbasis
repräsentiert, gibt die Erklärung dafür, daß große Entdeckungen desselben Forschers am gleichen Objekt auf
Dezennien auseinanderliegen. *Karl von Frisch* zum
Beispiel veröffentlichte 1913 seine erste Arbeit über
Bienen, 1920 schrieb er zum ersten Mal über ihr Mit-
teilungsvermögen durch Tänze, 1940 entdeckte er den
Mechanismus der Orientierung nach dem Sonnen-
stand, der einen »inneren Chronometer« zur Voraussetzung hat, sowie die Richtungsweisung im Stock, die
mit einer Transposition der Sonnenrichtung operiert,
indem sie diese in den Tänzen durch die Lotrechte
»symbolisiert«. 1949 fand er den erstaunlichen »Ver-
rechnungsapparat«, der aus der Polarisationsebene des
Lichtes vom blauen Himmel den Stand der Sonne zu
ermitteln vermag. Soviel wahrhaft bienenfleißiges
Experimentieren und gewissenhaftes Verifizieren auch
hinter diesen großen Entdeckungen eines großen Na-
turforschers steckt, ist es doch sicherlich kein Zufall,
daß sie im wesentlichen während der Ferien des For-

schers, an seinen eigenen Bienenstöcken in seinem Sommerheim gemacht wurden. Denn eine der angenehmsten Eigenschaften der Gestaltwahrnehmung liegt darin, daß sie dann am eifrigsten am Werk ist, Informationen zu sammeln, wenn der Wahrnehmende, in die Schönheit seines Objektes versunken, tiefster geistiger Ruhe zu pflegen vermeint.

3. Transformation als Schlüsselprinzip

Wilhelm Witte (1961)

Die von *Christian von Ehrenfels* herausgestellte Transponibilität von Gestalten ist durch *Wolfgang Köhler* in die offiziell gewordene Wissenschaftsnomenklatur der Psychologie eingegangen. Es verdient aber immer noch hervorgehoben zu werden, welche Tragweite dieses für die Existenz von Gestalten zwar nicht notwendige, aber hinreichende Kriterium für die Psychologie und darüber hinaus für die Wissenschaftstheorie hat.

I. Transposition = Invarianz bei Kovariation

Besinnen wir uns zu diesem Zweck auf das vielleicht doch oft in einer Wortkennmarke erstarrte Wesen der Transposition: Das Prinzip der Transposition besteht darin, daß, wenn ein Moment variiert, sich durch passende Kovariation anderer Momente eine Invariante einstellt. Wird zum Beispiel eine Dreiecksseite verlängert, so muß eine zweite proportional dazu verlängert werden, wenn die beiden Dreiecke formgleich werden sollen. Eine Melodie, die man Ton für Ton um das gleiche Intervall hebt oder senkt, wird mit der so transponierten Melodie identifiziert.

Das Entscheidende an der Transpositionsleistung ist also die Erfassung des bei Kovariation invariant Bleibenden. Dies hat *von Ehrenfels* bekanntlich »Gestaltqualität« genannt. Er wollte damit auf dessen qualitative Eigenständigkeit gegenüber den in der damaligen Elementenpsychologie betonten »Empfindungen« abheben. Gegenüber Singularitäten, wie es die Qualia schwer, kalt, blau sind, sind Gestaltqualitäten strukturiert. Und diese ihre Struktur ist, unabhängig von ihrer Tast-, Farb-, Klangmasse, übertragbar = transponibel. Sie ist natürlich nur dann in der Transposition identifizierbar, wenn sie vor dieser bereits als das quale

121

sui generis der Gestaltqualität erlebt worden war. Es ist aber nicht auch umgekehrt so, daß, wenn eine Gestaltqualität erlebt ist, auch Transposition gelingen muß. Deswegen hat Wolfgang Köhler betont, daß Transponierbarkeit zwar ein hinreichendes, nicht aber auch notwendiges Gestalt-Kriterium darstellt.

II. Transposition und Isomorphie

Die Transposition hat einen eminent kognitiven Wert. Wiedererkennen einer Struktur an anderem Material ist ja der Kern des Erkennens, wie *Moritz Schlick* dargelegt hat. Das Wesen der Strahlung war so weit erkannt, als in ihrem Verhalten (Reflexion, Brechung, Beugung usw.) Momente der Struktur wiedererkannt wurden, die von Seil- und Wasserwellen her bereits bekannt waren. Im Erkennen ist also Strukturgleiches einander zugeordnet. Oft wird sich dabei nicht gerade ein Modell (wie in unserem Beispiel die Welle) als Zuzuordnendes finden. Man wird vielleicht nicht mehr finden als eine Menge teils gleicher, teils verschiedener Teile, Glieder, Momente, Seiten und Zusammenhänge, Beziehungen, Relationen untereinander. Aber auch dann beruht ja die Erkenntnisleistung auf dem Wiedererkennen, nämlich von gleichen Teilen und Beziehungen, sowie von deren Anzahl und damit auf dem Wiederfinden der altbekannten Gleichheits-Relation an dieser Stelle.

»Struktur« läßt sich epistemologisch gar nicht anders festlegen als durch Angabe der numerisch unterscheidbaren Glieder und Zusammenhänge. Diese Festlegung ist, insofern sie symbolisch geschieht (verbal, graphisch, numeral), immer schon eine Abbildung der gemeinten Gegebenheit auf die gewählte Symbolmannigfaltigkeit. Allen gleichen Daten entsprechen dabei gleiche Symbole. Die Abbildung ist, um die dafür von *Bolzano* 1837 in seiner »Wissenschaftslehre« eingeführte Bezeichnung zu gebrauchen, isomorph. Soweit wir eine isomorphe Abbildung für das Gegebene finden, haben wir es erkannt. Aber wir haben damit zugleich miteingefangen alle etwa sonst noch existierenden isomorphen Abbildungen. Transposition leistet also im unmittelbaren Erleben bereits eine isomorphe Abbildung. Sie enthebt uns auf weiten Strecken aktiver Erkenntnisbemühung. Wir sind dank ihr in einem Schlaraffenland der Erkenntnis: was wir sonst allenfalls durch eigenes Tun erhalten, nämlich Auffindung von Strukturidentischem, fällt uns hier zu wie den Schlaraffen der fertige Kuchen, den keiner von ihnen erst zu backen braucht. Diese Leistung ist nur dadurch möglich, daß wir 1. Gestaltqualitäten in der Anschauung unmittelbar vorfinden und diese 2. mnemisch konservieren und diese »Konserven« 3. mit rezenten Gestaltqualitäten wieder so in Kommunikation geraten, daß der Prozeß des Wiedererkennens in Gang kommen kann. Das bedeutet nicht nur für unsere erkennende Orientierung in der Welt eine große Entlastung, sondern noch viel mehr: in der Transposition ist Erkennen bereits präformiert. Wir haben in ihr das Modell für Erkenntnis überhaupt. Wir brauchen nun nur noch Transposition – ja eben zu transponieren auf alle Fälle, wo wir Ähnliches suchen, aber nicht unmittelbar vorfinden, was uns in anderen Fällen die Transposition abgenommen, vorweggenommen hat.

Wenn es nie in der Welt das Erlebnis ähnlicher Figuren, gleicher Rhythmen, Melodien usw. bei völlig verschiedenen sensorischen Material gegeben hätte, wäre der Erkenntnisdrang des Menschen ohne jegliches Modell auf seinen Weg gegangen. Wir wollen nicht erwägen, ob ihm das wohl mit seiner übrigen Ausstattung überhaupt gelungen sein möchte. Tatsächlich sind alle frühen Erkenntnisbemühungen in Bilder, Modelle, Symbole gefaßt, all dies aus der Anschauungswelt Vertraute und sich nun zur transponierenden Abbildung Anbietende wie Schichten, Licht-Schatten-Gegensatz, anschauliche Polaritäten mannigfacher Art usw. usw. Und selbst die modernste Wissenschaft hat ja noch Veranschaulichungsbedürfnisse, sucht also ins Visuelle zu transponieren, was sie gefunden hat.

III. Transposition und Sprache

Ein Wesen, dem die Transposition als Mitgift auf den Weg gegeben war, hatte damit auch ein Modell für Sprache, sofern diese Darstellungswert haben soll. Wir wissen aus den Forschungen von *von Frisch*, daß schon die Bienen die Ortsbeziehungen von ihrem gegenwärtigen Platz und einer Blütenstelle hervorragend auf die Abwandlungen ihrer Tänze transponieren und damit erstaunliche Informationswerte in ihr Gemeinschaftsleben einbringen. Die menschliche Sprache ist in vieler Hinsicht eine Transposition unserer anschaulichen Welt: Der Klasse der Dingwörter entsprechen die auf Grund der Differenzierung in Figur und Grund anschaulich verbesonderten Dinge, die Adjektive geben die an den Dingen dank der erlebten Ähnlichkeit zu anderen Dingen empfundenen anschaulichen Eigenschaften wieder, Tätigkeitswörter die phänomenale Kausalität, anschauliche Zusammenhänge und erlebte Abhängigkeiten schlagen sich nieder in Präpositionen und Konjunktionen, Numeralia finden sich auch auf primitivsten Stufen zur Wiedergabe anschaulicher »Zahlgebilde«. *E. Heinloth* hat gezeigt, wie sich die Gestaltgesetze des Zusammenhangs der phänomenalen Welt auf den Satzbau transponieren. Dabei betont die eine Sprache mehr diesen, die andere mehr jenen Gestaltfaktor, ganz ähnlich, wie in Gehörseindrücken sich einander Nahes eher zusammengruppiert findet als der Tonhöhe und Lautstärke nach Ähnliches (M. Wertheimer), während es bei Seheindrücken gerade umgekehrt liegt, oder wie geschlossene Linienzüge, wenn man sie tastet, sich auch dann leicht voneinander sondern, wenn der eine dieser beiden Linienzüge sich im anderen knicklos fortsetzt und auch diesem glatten Verlauf entsprechend gesehen wird (W. Metzger).

Die englische Sprache benimmt sich in ihrem Satzbau visuform, das heißt, sie folgt in der Wortfolge genau dem Stellenwert des damit Bezeichneten im Erlebnis. Die deutsche Sprache verhält sich mehr taktuform, das heißt, sie schließt Anfang und Ende zusammen, wobei sie sogar Wörter aufbricht, wie in folgenden Beispielen »beilegen« und »einholen«: »Legen wir den Streit doch endlich bei!«, »Holt er ihn wohl noch ein?«

IV. Transposition und Naturgesetz

Ist der Erkenntnisprozeß, wie gesagt, die Fortsetzung der Transposition an Stellen, wo sie sich nicht unmittelbar einstellt, so werden sich, wenn dies Vorhaben glückt, zunächst Modelle (s. oben das Beispiel des Wellenmodells, ebenso das Korpuskularmodell, das Bohrsche Atemmodell usw.) anbieten. Sie können aber u. U. nicht nur der Festlegung (Darstellung) dienen, sondern, da sie ja auf formale Gemeinsamkeiten von mechanischen, optischen u. dgl. Vorgängen untereinander hinweisen, gestatten sie die Formulierung gebietsdurchgängiger Prinzipien. Ja, man kann schließlich fragen, ob die formale Gemeinsamkeit nicht sogar auf eine zugrunde liegende sachliche Gleichartigkeit zurückgeht, ob zum Beispiel Wärme mechanisch interpretiert werden kann. Auf diese Weise ist es bekanntlich in der Physik möglich geworden, hinter phänomenal recht Verschiedenartigem physikalisch Einheitliches zu entdecken.

Der Erkenntnisprozeß am Leitfaden der Transposition erweist darin erst eigentlich seinen aufschließenden Wert. Es werden nicht nur Strukturen (symbolisch) festgelegt, in anschaulichen Modellen dargestellt, durchgängige formal gleiche Prinzipien gefunden (z. B. Newtons Gravitationsgesetz in der Mechanik formal von der Art wie das Coulombsche Gesetz der Elektrizitätslehre), sondern das einander Isomorphe erweist sich schließlich oft auch als sachgleich. Das heißt aber nichts weniger, als daß Transposition nicht nur ein Erlebnisäquivalent der Isomorphie ist und damit höchste gnoseologische Relevanz besitzt, sondern daß es das Gegenstück ist zu der Transposition, die die Natur fortwährend selbst leistet, nur viel universaler. Diese Korrespondenz zeigt sich aber auch schon im Allerkleinsten: Nach dem Boyle-Mariotteschen Gesetz kovariieren Druck und Volumen bei im übrigen festgehaltenen Bedingungen bekanntlich so, daß ihr Produkt invariant bleibt. Das ist ein einfaches Beispiel für die Bauart von Naturgesetzen überhaupt. Was die Natur hier so tut, wie es das Gesetz ausdrückt, tut die Transposition im Prinzip genauso: sie zeigt Invarianz in der Kovariation. Und in genau analoger Weise zeigt die Mathematik die Invarianten, die sich bei Transformation der Variablen, d. h. bei bestimmten Kovariationen derselben, herausstellen. Diese Invarianten haben für den Aufbau z. B. der Geometrie die gleiche Schlüsselstellung (genau: sind der Schlüssel zu den verschiedenen Geometrien, affiner, projektiver, topologischer Geometrie), wie die Transposition Schlüsselstellung für unser Erleben, Erinnern, Erkennen besitzt.

Aus »Über Gestaltqualitäten« von 1890:

»Ja, manche Analogien legen sogar die Frage nahe, ob nicht Gestaltqualitäten verschiedener, anscheinend disparater Vorstellungsgebiete (wie zum Beispiel ein Crescendo, das zunehmende Licht bei anbrechendem Tag, das Steigen einer Erwartung) eine direkte Ähnlichkeit aufweisen, welche, über die Gleichheit gemeinschaftlicher Merkmale (hier etwa der Zeit) hinausreichend, dennoch in den Phänomenen selbst und nicht etwa nur in den sie begleitenden Gefühlen ihren Sitz hat.«

Aus Claude Lévi-Strauss, Traurige Tropen, 1955: Es ist daher nicht einfach im metaphorischen Sinn, in dem man – wie dies schon oft geschehen ist – eine Stadt mit einer Symphonie oder einem Gedicht vergleichen kann; *letzten Endes handelt es sich um Dinge gleicher Beschaffenheit.*

V. Transposition und Konstanz

Aber alle diese Invarianten der Natur und Mathematik mußten erst allmählich entdeckt werden. Sie wurden uns nicht von der Erlebnistransposition unmittelbar geliefert. So weit reicht das phänomenale Schlaraffenland eben nicht.

Aber, recht besehen, reicht es doch auch wiederum weiter als nur bis zu den Grenzen des Erlebens bei Kovarianz in invarianten Strukturen. Eine ganze Reihe von Invarianzen tritt nämlich in der phänomenalen Repräsentation der Konstanz-Erlebnisse auf.

Ein Beispiel: bei Kopfdrehungen erlebt der Beobachter die Umgebung nicht im Sinne der retinalen Drehungen gedreht, sondern was vorher senkrecht war, bleibt nun senkrecht, was schief hing, schräg stand, bleibt so schief oder schräg wie zuvor. Die bei solcher Drehung invariant bleibenden Strukturen, nämlich die Richtungsunterschiede, die invarianten Winkel, drängen sich nicht im Sinne der Transposition als solche auf, sondern alle Richtungen werden, auf die dominante Richtung (zum Beispiel in einem Zimmer die vielfach durch Fenster, Türen, Schränke usw., im Walde durch die Vielzahl der Bäume vertretene Vertikale) als Richtungs-»Nullpunkt« stillschweigend bezogen, unmittelbar als konstant erlebt. Geht man durch ein Zimmer, so wird dies wieder nicht im Sinne der retinalen Verschiebung als verschoben erlebt, es kommt ferner auch hier nicht zum Erlebnis der Invarianz des Unterschiedes von Eigen- und Zimmerbewegung, sondern es wird wieder, auf den stillschweigenden Nullpunkt des umfassenden Rahmenwerkes von Wänden, Decke und Fußboden bezogen, Ortskonstanz erlebt. Alles aber, was durch das Fenster sichtbar ist, bewegt sich, wenn wir parallel zum Fenster vorangehen, ganz konsequent gegen diesen Rahmen. Genauso wie bei Eigenbewegung verhalten sich die Dinge unserer Anschauungswelt, wenn sich die Beleuchtung ändert. Ein weißes Blatt Papier erscheint bekanntlich am frühen Morgen nicht schwarz, wiewohl es dann weniger Licht in unser Auge zurückstrahlt als die schwarze Kohle am Mittag. Wir erleben aber auch nicht statt dieser so stark variierenden Menge reflektierten Lichts etwa das invariant bleibende

Verhältnis von auffallendem und zurückgeworfenem Licht, sondern auch diesmal resultiert ein Erlebnis der Konstanz, nämlich das der Dingfarbe.

Das Gemeinsame dieser und aller sonstigen Fälle (Größen-, Formkonstanz usw.) ist, daß hier keine Invarianz der Dingstruktur vorliegt, sondern eine Invarianz von Beziehungen von Dingmomenten zu teils Momenten ihres Mediums, teils des Beobachters. Eine solche dingübergreifende Struktur-Invarianz wird nicht erlebt. Es kommt statt dessen zur Dingkonstanz. Wir können hier nicht erörtern, warum es bei dingimmanenten Strukturen zum Invarianzerlebnis, bei dingübergreifenden zum Konstanzerlebnis kommt. Wir wollen nur festhalten, daß die Konstanz hier so erkenntnisaffin ist wie die Invarianz dort. In diesen Konstanzen ist das präformiert, was *W. Ehrenstein* »Ontotropie« nennt: Die Tendenz zur Etablierung einer objektiven Außenwelt.

4. Höhe und Reinheit der Gestalt

Christian von Ehrenfels (1916)

Aus: »Über Gestalt-
qualitäten« von 1890:

»Alles Sichtbare hat
irgendeine Farbe. Es gibt
aber Farben, welche ihrer
Natur nach mehr Farbe
sind als andere (zum
Beispiel das reine Rot dem
Grau gegenüber). Ebenso
gibt es Gestalten, die ihrer
Natur nach mehr Gestalten,
sattere Gestalten sind
als andere. Wenn auch jeder
Körper irgendeine Gestalt
hat, so hat zum Beispiel
ein Sandhaufen, eine
Erdscholle weniger Gestalt
als eine Tulpe, eine
Schwalbe, eine Eiche,
ein Luchs. – Was hier
herausgehoben ist, kann
man Höhe der Gestalt
nennen.
Die Höhe der Gestalt
wächst mit dem Produkt
ihrer Konstituanten, ihrer
Einheitlichkeit und der
Mannigfaltigkeit ihrer
Teile.
Das Innewerden des
Moments
»Höhe der Gestalt«
ermöglicht es, die gesamte
Ästhetik auf dem Fundament
der Gestalttheorie
aufzubauen.
Was wir »Schönheit«
nennen, ist nichts anderes,

Eine neue Gruppe von Problemen schließt sich, auf
dem Gebiete der kosmischen Physiognomik, an die
Charakterisierung der verschiedenen *Typen von Gestaltungen*, welche wir in der Erfahrungswelt an-
treffen. Die bisher gegebenen Unterscheidungen in
statische und kinetische und andrerseits in Gestalten
der unbelebten, der belebten Natur und der organischen Derivate enthalten weitaus nicht alles, was hier
an qualitativen Differenzen unserer Auffassung zugänglich ist.
Von fundamentaler Bedeutung ist die Tatsache, daß
es einen *Grad der Gestaltung* gibt – daß jede Gestalt
eine bestimmte Höhe der Gestaltung aufweist. Eine
Rose hat eine höhere Gestalt als ein Sandhaufen, das
erkennt man ebenso unmittelbar, als das Rot eine
sattere – lebhaftere – Farbe ist, wie Grau. Die höheren
Gestalten unterscheiden sich von den niedrigeren
außerdem dadurch, daß das Produkt von Einheit und
Mannigfaltigkeit hier größer ist als bei jenen. Bei
gleichem Grad von Mannigfaltigkeit ihrer Teile sind
die Gestalten die höheren, welche diese Mannigfaltigkeit zu einer strengeren Einheit verbinden. Bei gleich
strenger Einheit sind die Gestalten die höheren,
welche die größere Mannigfaltigkeit umschließen.
Ein gutes Mittel, um die Höhe von Gestalten zu vergleichen, ist folgendes: Man denke sich die betreffenden Gestalten (eine Rose – einen Sandhaufen) durch
zufällige, regellose Eingriffe schrittweise abgetragen.
Welche der beiden Gestalten hierbei die weitere Skala
von Veränderungen durchläuft, diese ist die höhere.
Alles Anschauliche ist irgendwie gestaltet; absolut
Gestaltloses können wir nur denken. Wenn wir auf
dem Gebiet der Anschauung »blinde Endigungen«,
den Übergang von Gestaltetem in Ungestaltetes konstatieren, so liegt dem strenggenommen immer nur

ein Niedergang von Gestalt, ein Übergang von höher zu niedriger Gestaltetem zugrunde, oder wir konstatieren mit diesem Ausdruck den Verlust von gewissen Gestaltungsqualitäten zum Beispiel von jenem Eigentümlichen, welches die Gestalten der organischen Derivate von denen der unbelebten Natur unterscheidet.

Ein weiteres, bisher noch nicht behandeltes Merkmal der Gestalten ist das der *Reinheit*. Auch dieses Merkmal ist gradueller Natur, unterscheidet sich aber von der Gestaltungshöhe dadurch, daß es ein seiner Natur nach unübersteigbares Maximum besitzt – während Steigerung der Gestaltungshöhe ins Unendliche denkbar ist. Die Idealgestalten der mathematisch genauen Kugel, der mathematisch genauen regelmäßigen Polyeder sind Gestalten von maximaler, das heißt auch der logischen Möglichkeit nach nicht mehr überbietbarer Reinheit, aber von relativ geringer Gestaltungshöhe. (...)

Höhe und Reinheit der Gestalt sind für unser menschliches Fühlen und Begehren Werte, Werte für sich, Eigenwerte, und zwar sehr hohe Eigenwerte – vielleicht die höchsten, welche wir überhaupt kennen. Sind Höhe und Reinheit der Gestalt auch Werte an sich, das heißt abgesehen von speziell menschlichem Fühlen und Begehren, also absolute Werte? Haben wir Grund zur Annahme, daß Höhe und Reinheit der Gestaltung auch Werte seien für den psychoiden Urquell aller Gestalt? Es liegt, nach allem Vorangegangenen, sehr nahe, diese Frage mit einem Ja zu beantworten. Doch sei mit Nachdruck darauf hingewiesen, daß die hier vorgetragene kosmogonische Hypothese – obgleich sie wahrscheinlich die Annahme absoluter Werte im Gefolge hat, sich doch nicht auf diese Annahme stützt. Das schwierige Problem der Existenz absoluter Werte kann bei ihrer Begründung vollkommen ausgeschaltet werden.

als »Höhe der Gestalt«. Unschön ist das niedrig Gestaltete. Häßlich ist das, was disharmonische, das heißt untereinander widerstreitende Gestaltelemente einschließt – Elemente nämlich, von denen ein jedes nur den Teil einer Gestalt darstellt, welcher Ergänzung zu einer Einheit fordert –, jedoch nach einer mit derjenigen des anderen Elements (der anderen Elemente) unverträglichen Richtung. ... Geschlossen schön ist die Gestalt, welche in sich zur vollen Einheit gelangt ist. Offen schön die Gestalt, welche, um zu möglichst vollkommener Einheit zu gelangen, etwas verlangt, was sie nicht enthält. Erhaben ist das offen Schöne, welches, um zur vollen Einheit zu gelangen, ein Unendliches umfangen müßte.«

Teil V

Exakte Versuche
im Bereich der Kunst

Vorbemerkung

Der Abschnitt aus der Lehre von Paul Klee, der dem Kapitel den Titel gab, ist auch gedanklich sein Motto.

»Lernt begründen«, schreibt Klee, »lernt analysieren«, nicht, um durch die Analyse und durch die Begründung die Kunstproduktion zum Bestandteil exakter Forschung zu machen, sondern umgekehrt, um der Intuition exakte Forschung an die Seite zu geben mit »Regeln für die Innehaltung und für die Abweichung« – Regeln also noch einmal für Umwege. Das Innehalten verschafft Zeit und Lust, um nachzufragen, neu zu entwickeln, den Funktionen Aufmerksamkeit zuzuwenden, »in die Tiefe zu graben«. Muster und Regeln dazu kommen aus der Mathematik, kommen aus der Physik. George David Birkhoff war Mathematiker, Max Bense ist Physiker.

1928 trug Birkhoff in Bologna seine ästhetische Theorie als Formel vor: $M = \dfrac{O}{C}$.

Das ästhetisch höchste Maß, das wir Schönheit nennen, erscheint als Quotient aus der Komplexität der Teile im ästhetischen Objekt und den Ordnungsbeziehungen, die diese Teile eingehen. Aber auch das Birkhoffsche Maß ist vor allem eines zum Innehalten, eine Art Norm, schreibt Birkhoff, die gute Dienste leisten kann als formalisierter Grund für die Besonderheiten zeitbedingter ästhetischer Konvention.

Max Bense entwirft Ordnungsmodelle, die das Maß O näher bestimmen können, er unterscheidet makroästhetische und mikroästhetische Ordnungsbezüge. Die Frage nach den Ordnungen ist eine makroästhetische, wenn sie sich auf einen Gegenstand als Realisation bezieht und die in ihm realisierten Ordnungen prüft – sie ist eine mikroästhetische, wenn sie sich der Teile im besonderen annimmt und deren Rolle beim Zustandekommen des ästhetischen Gegenstands untersucht. Für die Architektur ließen sich die Kategorien von Uhl und Schumacher aus dem ersten Kapitel heranziehen. Für die Beschreibung des mikroästhetischen Aspekts der Architektur scheinen die Strukturebenen der Konstruktion, der Funktion, der Regeln und Muster geeignet, die als einzelne (Repertoire) und in der Überlagerung Konfigurationen aus Teilgestalten bilden (vgl. die einfachen und überlagerten Strukturzeichnungen bei Uhl), während der makroästhetische Aspekt beschrieben werden könnte durch die Maßstabsfelder als Kategorien der Wahrnehmung und die Bildausschnitte als wahrgenommene Teilgestalten, die aus dem Ganzen herauszulösen sind.

Der Beitrag von Elisabeth Walther über die Zeichenoperationen ist derjenige, der aus der Theorie ganz nahe ans Tun zurückführt: die Zeichenoperationen beschreiben den Umgang mit Zeichen, ihre Zusammensetzbarkeit zu offenen und geschlossenen Konnexen. Die Beispiele für Zeichenoperationen zeigen, daß die durch das Material an die Theorie herangebrachte notwendige Verfälschung hier schon vorbereitet wird: Zeichenoperationen als Theorie sind noch exakte Wissenschaft – im Beispiel verbrauchen sie schon wieder zusammengesetzte Bilder, farbige Assoziationen.

1. Exakte Versuche im Bereich der Kunst

Paul Klee (1928)

Wir konstruieren und konstruieren, und doch ist Intuition immer noch eine gute Sache. Man kann ohne sie Beträchtliches, aber nicht alles. Man kann lange tun, mancherlei und vielerlei tun, Wesentliches tun, aber nicht alles. Wo die Intuition mit exakter Forschung sich verbindet, beschleunigt sie den Fortschritt der exakten Forschung zum Vorsprung. Durch Intuition beflügelte Exaktheit ist zeitweise überlegen. Weil aber exakte Forschung exakte Forschung ist, kommt sie, vom Tempo abgesehen, auch ohne Intuition vom Fleck. Sie kann prinzipiell ohne sie. Sie kann logisch bleiben, kann sich konstruieren. Sie kann auf kühne Weise vom einen ins andere brücken. Sie kann im Drunter und Drüber geordnete Haltung bewahren.

Auch der Kunst ist zu exakter Forschung Raum genug gegeben, und die Tore dahin stehen seit einiger Zeit offen. Was für die Musik schon bis zum Ablauf des achtzehnten Jahrhunderts getan ist, bleibt auf dem bildnerischen Gebiet wenigstens Beginn. Mathematik und Physik liefern dazu die Handhabe in Form von Regeln *für die Innehaltung und für die Abweichung*. Heilsam ist hier der Zwang, sich zunächst mit den Funktionen zu befassen und zunächst nicht mit der fertigen Form. Algebraische, geometrische Aufgaben, mechanische Aufgaben sind Schulungsmomente in der Richtung zum Wesentlichen, zum Funktionellen gegenüber dem Impressiven. Man lernt hinter die Fassade sehen, ein Ding an der Wurzel fassen. Man lernt erkennen, was darunter strömt, lernt die Vorgeschichte des Sichtbaren. Lernt in die Tiefe graben, lernt bloßlegen. Lernt begründen, lernt analysieren.

Man lernt Formalistisches geringachten und lernt vermeiden, Fertiges zu übernehmen. Man lernt die besondere Art des Fortschreitens nach der Richtung kritischen Zurückdringens, nach der Richtung zum

Früheren, auf dem Späteres wächst. Man lernt früh aufstehen, um mit dem Ablauf der Geschichte vertraut zu werden. Man lernt Verbindliches auf dem Wege von Ursächlichem zu Wirklichem. Lernt Verdauliches. Lernt Bewegung durch logischen Zusammenhang organisieren. Lernt Logik. Lernt Organismus. Lockerung des Spannungsverhältnisses zum Ergebnis ist Folge. Nichts Überspanntes, Spannung im Inneren, dahinter, darunter. Heiß nur zuinnerst. Innerlichkeit.

Der hier wiedergegebene
Auszug aus dem Vortrag
von G. D. Birkhoff
ist der in der *edition rot*
erschienenen deutschen
Übersetzung (von Elisabeth
Walther) entnommen. Der
Nachdruck folgt der in
dieser Edition gewählten
Kleinschreibung

2. Einige mathematische Elemente der Kunst

George David Birkhoff (1928)

einführung einer ästhetischen formel

fast alle menschen mit philosophischen neigungen haben sich mehr oder weniger mit dem problem des schönen beschäftigt. infolgedessen gibt es heute eine weit ausgedehnte literatur, die das problem unter den verschiedensten gesichtspunkten behandelt. ich habe die absicht, es heute noch einmal, jedoch von einem etwas mathematischen gesichtspunkt aus, der bisher noch nicht entwickelt worden zu sein scheint, zu betrachten, obwohl man verschiedenenorts vage, aber im grunde analoge ideen finden kann.

man kann feststellen, dass die ästhetische erfahrung drei sukzessive momente enthält: 1. eine vorgängige anstrengung, die notwendig ist, um das objekt richtig zu erfassen, und die proportional der komplexität C des objektes ist; 2. das gefühl des vergnügens oder ästhetischen masses, das diese vorgängige anstrengung belohnt; 3. dann die bewusste wahrnehmung, dass sich das objekt einer gewissen harmonie oder symmetrie oder ordnung O erfreut, die mehr oder weniger verborgen ist und eine notwendige, wenn nicht ausreichende bedingung für die ästhetische erfahrung selbst zu sein scheint.

so stellt sich fast unmittelbar das problem, in einem gegebenen falle zu bestimmen, bis zu welchem punkt dieses ästhetische mass nur die wirkung der dichte der ordnungsrelationen ist, das heisst ihr bezug zur komplexität. und so erscheint es ganz natürlich, eine formel folgender art vorzuschlagen:

$$M = \frac{O}{C}$$

Hensterhuis 1769: »Schön ist, was eine größte Anzahl von Ideen übermittelt in kürzester Zeit.«

wir werden später versuchen, eine solche formel aufzustellen, zumindest für einige extrem einfache fälle, und sie durch elementare psychologische beobachtungen wahrscheinlich zu machen.

gibt diese so erhaltene zahl M wirklich ein mass des ästhetischen wertes? das ist eine interessante und grundlegende frage, die in jedem besonderen fall untersucht werden muss.

das wohlbekannte ästhetische bedürfnis nach einheit in der verschiedenheit ist offensichtlich mit unserer formel eng verknüpft. die definition des schönen, eine maximale zahl an ideen in einem minimum an zeit zu repräsentieren, die von dem holländer hemsterhuis im 18. jahrhundert gegeben wurde, ist ebenfalls von analoger natur.

aber wir sind nicht der meinung, dass eine formel wie die unsere als definitiv betrachtet werden solle. unser standpunkt ist vielmehr folgender: es gibt elemente, die man analysieren kann, und von ihnen hängt die gesamte ästhetische wirkung, zumindest bis zu einem gewissen punkt ab. wenn man versucht, diese elemente zu prüfen, findet man häufig, dass sie einen ganz und gar objektiven und mathematischen charakter besitzen. wir betrachten hier nur die rolle dieser mathematischen elemente. obgleich diese elemente immer dieselben sind, ist es ganz evident, dass ihre relative wichtigkeit nicht für jedermann dieselbe ist. wir sehen also unsere analyse als eine art norm an, die grosse dienste leisten kann.

es scheint unmöglich zu sein, das ästhetische vergnügen, das diese ganz und gar verschiedenen objekte bereiten, zum beispiel eine vase und eine melodie, zu vergleichen. daher sind wir dazu gelangt, nur eine wohldefinierte klasse ähnlicher objekte zu betrachten. darüber hinaus unterscheiden sich die menschen untereinander sehr hinsichtlich ihrer ästhetischen empfindungen, nach ihrer rasse und ihren ländern, nach ihrer natürlichen fähigkeit und der verschiedenheit ihrer künstlerischen erfahrungen und auch nach ihrer gegenwärtigen situation. es wird also nötig sein, von allen diesen variablen bedingungen abzusehen und nur ein »normales« oder »ideales« individuum zu betrachten, das natürlich nicht existiert. für uns ist dieses individuum zwar kultiviert, aber vom ästhetischen standpunkt aus nicht sehr raffiniert.

wenn diese bedingungen einmal erfüllt sind, kann

Cousin 1853: »Die wahrscheinlichste Theorie des Schönen setzt sich aus zwei entgegengesetzten, gleichermaßen notwendigen Elementen zusammen: der Einheit und der Vielfalt.«

Whitehead 1929: "The right Chaos and the right vagueness are jointly required for any effective harmony."

Braque: »Ich liebe die Regel, welche die Ergriffenheit berichtigt, und ich liebe die Ergriffenheit, welche die Regel berichtigt.«

Max Bense 1949: »Es muß einen vereinbarenden Standpunkt geben, eine Philosophie der Mathematik und eine Philosophie der Kunst, die beide einem, wie ich sage, philosophischen System angehören, die also beide in ein und derselben, das System fundierenden Metaphysik wurzeln, wenn wir hier unter Metaphysik . . . eine Menge von Invarianten, allgemeingültigen Sätzen verstehen, die für eine Folge von Einzelwissenschaften, die wir Philosophie nennen, verbindlich sind.«

Walter Ehrenstein 1960
(zur Höhe und Reinheit
der Gestalt):
»Nehmen wir an, die Grade
der Ganzheit sowie der
Mannigfaltigkeit hätten
Maßzahlen, die zwischen 1
(geringstem) und 10
(höchstem) Grad variieren
könnten, so kann unter der
Voraussetzung strenger
Reziprozität die Maßzahl
der einen Eigenschaft nur
auf Kosten der anderen
wachsen bzw. abnehmen.
Es muß also, wenn wir mit
M^m die Maßzahlen für die
Mannigfaltigkeit und mit
M^e die Maßzahlen der
Einheit bezeichnen,
M^m immer gleich $10 - M^e$
und $M^e = 10 - M^m$ sein.
Ein homogener schwarzer
Kreis mit der höchsten
Maßzahl für Einheit und
der kleinsten Maßzahl für
Mannigfaltigkeit käme
nicht über die Gestalthöhe
9×1 (das Produkt aus
Einheit und
Mannigfaltigkeit) hinaus.
Die optimale Bedingung
für die höchstmögliche
Gestalthöhe wäre gegeben
bei einem Verhältnis der
Maßzahlen $M^m : M^e = 5 : 5$,
also einem idealen
Gleichgewicht
von Einheit und
Mannigfaltigkeit.«

man ein ästhetisches mass zu erhalten hoffen, weil das
»normalindividuum« die verschiedenen objekte der
betrachteten klasse nach ihren ästhetischen vorzügen
anordnen kann. nur diese relative grösse interessiert
uns.

man muss die wahre natur der beiden anderen variablen C und O, die in unserer gleichung rechts erscheinen, recht verstehen. es macht im allgemeinen
keine schwierigkeit, die komplexität C zu messen, weil
sich immer ein fast natürliches mass ergibt. zum beispiel könnte die komplexität einer einfachen melodie
als proportionale einer anzahl von noten angesetzt
werden. die variable O ist dagegen auf völlig befriedi-
gende objektive weise schwer zu messen. um möglichst erfolgreich zu sein, muss man alle untereinander
unabhängigen ordnungselemente, die hier eingehen
und vergnügen bereiten, zählen: also nicht nur die
evidenten elemente, sondern auch die verborgenen
elemente. das verfahren, um diese zahl abzuschätzen,
muss so einfach und mit den psychologischen tatsachen so konform wie möglich sein. man darf jedoch
auf keinen fall vergessen, dass die gewählte regel
immer empirisch bleibt.

um diesen empirischen charakter der formel zu unterstreichen, müssen wir beachten, dass die elemente M,
O, C soziale werte und – wie alle anderen werte dieser
art – von wenig präziser natur sind. der begriff der
kaufkraft des geldes besitzt zum beispiel grösste wichtigkeit in den ökonomischen forschungen. tatsächlich
liefert dieser begriff eine basis, mit deren hilfe man
viele sehr nützliche vergleiche machen kann. nichtsdestoweniger enthalten die konventionen, auf die das
mass dieser kraft gegründet ist, viele ganz und gar
empirische elemente.

man muss gleichzeitig hinzufügen, dass dieser empirische weg der einzige ist, auf dem man hoffen kann,
die sozialen werte, wie die schönheit, zu behandeln,
ohne den wissenschaftlichen geist unserer zeit preis-
zugeben.

zweifellos beschäftigt sich die aktuelle kunst meistens
mit werten, die man fühlt, ohne sie analysieren zu
können. gerade die ordnungsrelationen, die oberhalb
der analyse zu liegen scheinen, besitzen die tiefste
wirkung. aber dieser charakteristische umstand ver-

ringert die wichtigkeit einer wissenschaftlich so vollständig wie möglichen analyse nicht, weil immer dadurch, dass die wissenschaftlichen prinzipien ins volle licht gerückt werden, auch die intuition selbst sich befreit sieht.

wenn wir also die rolle einer solchen formel in den künsten studieren, haben wir durchaus nicht die absicht, die riesige und unbestreitbare rolle der rein intuitiven elemente zu verneinen. der oft aufgezeigte unterschied zwischen stoff und form ist nichts anderes als der zwischen den nichtintuitiven und den intuitiven elementen. hier betrachten wir nur die form und beschränken uns darüber hinaus auf fälle von äusserster einfachheit.

nach unserer formel zeigt das totale fehlen der ordnungsrelationen das fehlen des ästhetischen wertes an: $M = 0$. auf jeden fall werden wir versuchen, die definitionen so zu wählen, dass die masszahl O der ordnungsrelationen im günstigsten falle fast gleich der zahl C ist, die die komplexität anzeigt. man hat also im falle der vollständigen schönheit ungefähr einen ästhetischen wert $M = 1$. man darf nicht vergessen, dass dieses resultat allein auf konvention beruht.

3. Chaos, Struktur, Gestalt — abschließende makroästhetische Klassifikation

Max Bense (1969)

Die Präzisierung der Begriffe Ordnung und Komplexität mit Hilfe des Begriffs des Aspekts, unter dem sie gesehen und numerisch bestimmt werden, erleichtert den Übergang von der makroästhetischen Betrachtung ästhetischer Zustände zur mikroästhetischen. Die Auffassung der Komplexität als Menge von elementaren, materialen Konstruktionsmitteln einerseits und die der Ordnung als Menge von Eigenschaften, die die Anordnung von Elementen (jener Komplexität) vollständig, das heißt eindeutig beschreiben lassen, macht es möglich, sowohl O wie C jeweils als Teilmengen und das heißt eben als Aspekte einzuführen und, wie beschrieben, das ästhetische Gesamtmaß eines Zustandes als Summe von Teilmaßen (einzelner Aspekte) additiv aufzubauen. Die grobe Makroästhetik ist sozusagen der typische *wahrnehmungstheoretisch* zugängliche Aspekt eines künstlerischen Objekts, wohingegen die feinere Mikroästhetik einem typischen *konstitutionstheoretischen* Aspekt entspricht.

Diese Differenzierung wirkt sich auch auf die Beschreibung und Identifikation der Klassifikation der eingeführten chaogenen, regulären und irregulären Ordnungsmodelle oder Distributionsmodelle über einem Repertoire (Menge) von Elementen aus. Für chaogene, reguläre und irreguläre Ordnung setzen wir auch *Chaos, Struktur* und *Gestalt*. Doch scheint uns, daß diese eingeführten Ordnungs- oder Distributionsmodelle jetzt auch hinsichtlich des makroästhetischen und mikroästhetischen Aspekts terminologisch differenziert werden sollten.

Die Ordnungsmodelle Chaos, Struktur und Gestalt sollen makroästhetisch als *Mischung, Symmetrie* und *Form* und mikroästhetisch als *Repertoire, Pattern* und *Konfiguration* bezeichnet werden.

Der Makrozustand kann in jedem Fall durch die Kom-

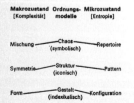

Makrozustand [Komplexität]	Ordnungs- modelle	Mikrozustand [Entropie]
Mischung	Chaos (symbolisch)	Repertoire
Symmetrie	Struktur (iconisch)	Pattern
Form	Gestalt (indexikalisch)	Konfiguration

plexität, die Menge der entscheidenden erzeugenden Elemente gemessen werden; der Mikrozustand hingegen durch die Entropie, das Maß der Unbestimmtheit im Zustand der Distribution der Elemente. Sowohl *Mischung* wie *Repertoire* sind Termini, die nur das System der materialen Elemente als solches betreffen und bezeichnen. Mischung orientiert sich dabei an der Ununterscheidbarkeit der Elemente, während Repertoire sich ausdrücklich auf ihre Selektierbarkeit bezieht.

Symmetrien sind, makroästhetisch gesehen, Strukturen, deren Rapport wahrnehmungsmäßig abgezählt werden kann, bzw. nach Hans Weyls allgemeinem Begriff ›strukturbegabte Mannigfaltigkeiten‹ der ›Automorphismengruppe‹, das heißt der »Gruppe derjenigen auf die Elemente der Mannigfaltigkeit bezüglichen Transformationen, die alle strukturellen Beziehungen ungeändert lassen«; mikroästhetisch selektieren und ordnen die Strukturen die Elemente der Mannigfaltigkeit nach gewissen Regeln, also einer Syntax, und konstituieren damit definitionsgemäß eine Menge von Patterns bzw. Mustern.

Schließlich *Gestalt* im Sinne des Begriffs, den Christian von Ehrenfels entwarf und der im Sinne der *Gestaltung* keine maximale Grenze besitzt. Makroästhetisch und wahrnehmungsmäßig erscheint sie primär als *Form*, als Figur des Randes oder als Berandung unter Vernachlässigung der ›inneren Punkte‹. Mikroästhetisch sind jedoch auch diese relevant. Gestalt erweist sich daher in diesem Falle als *Konfiguration* im verallgemeinerten Sinne des geometrischen Begriffs, danach es sich, verallgemeinert, um ein System von Punkten und Geraden oder Punkten, Geraden und Ebenen mit Inzidenzeigenschaften handelt, das heißt mit der Eigenschaft, daß gegebenenfalls Punkte auf Geraden liegen oder Geraden durch Punkte gehen bzw. daß mit jedem Punkt Geraden und Ebenen, mit jeder Geraden Punkte und Ebenen und mit jeder Ebene Punkte und Geraden inzidieren, also auf jeden Fall die Elemente des Repertoires selektiv in Betracht gezogen werden.

Natürlich bezeichnen Chaos, Struktur und Gestalt oder auch Mischung, Symmetrie und Form und Repertoire, Pattern und Konfiguration sehr weite, umfangreiche Klassen ästhetischer Zustände. Aber es gibt

Aus Max Bense, Programmierung des Schönen 1960:

Unter den Zeichenkonzeptionen, die von wesentlicher ästhetischer Bedeutung sind, ragen »Struktur« und »Gestalt« hervor. Durch sie wird die Zeichentheorie mit Strukturtheorie und Gestalttheorie (in morphologischer, nicht in psychologischer Hinsicht) verknüpft. Ein Zeichen ist stets ein differenziertes Gebilde. »Gestalt« geht aus Zeichen durch einen integrierenden Prozeß hervor, »Struktur« hingegen entwickelt sich aus Zeichen durch Reduplikation. Ein ästhetischer Prozeß kann als differenzierender verlaufen und intentional auf die Hervorbringung eines einzelnen Zeichens angelegt sein, er kann aber auch unter dem Aspekt einer »Gestalt« oder unter dem Aspekt einer »Struktur« seine Funktion erfüllen . . . »Gestalt« scheint immer semantischen, »Struktur« syntaktischen Charakter zu haben. »Bedeutungen« realisieren sich als »Gestalt«.

deutliche Beispiele ihrer künstlerischen, vor allem visuellen Realisierung. Klassische wie moderne Malerei zeigen etwa mit der gegenständlichen figürlichen Malerei einerseits und mit der konkreten Malerei andererseits eine typische makroästhetische Orientierung an Formen, während schon Rembrandts Tuschen und darüber hinaus Impressionismus und Expressionismus, Tachismus und Informel stark mikroästhetisch, und zwar konfigurativ, konstituiert sind. Ornamente aller Epochen sind makroästhetische Symmetriebildungen, die nicht nur als zugefügter Dekor künstlerische Bedeutungen gewannen, sondern in der heutigen konkreten und o-part-Malerei, in den seriellen Techniken der Graphik oder Druckgraphik und dergleichen sogar autonome ästhetische Realisationen anstreben. Die Ausnützung polygonaler Figurationen im Design zeigt darüber hinaus ihre Rolle als Pattern an. Die künstlerische makroästhetische und mikroästhetische Realisierung eines ästhetischen Chaos ist zwar als Ideal fast unmöglich produzierbar, aber als reale, materiale Approximation, als Mischung oder als Repertoire leicht erreichbar. Auch sprachliche Beispiele lassen sich angeben. Die Betrachtung der Texte unter makroästhetischem Aspekt fixiert ihre äußere Form als Gedicht, als epische oder dramatische Prosa. Auch die Gliederung eines Gedichtes in Verszeilen, Strophen und dergleichen, das Reimschema, Metrik und Rhythmik können als makroästhetische Aspekte gewertet werden. Hingegen sind die Ermittlungen der mittleren statistischen Verteilungen der Silbenzahlen, der Wörter, der Hebungen und Senkungen usw., die mittleren Verteilungen der Wortlängen oder Satzlängen und dergleichen bereits mikroästhetische Aspekte der materialen Distribution über einem betreffenden Repertoire sprachlicher, textlicher Elemente. Unter einem chaogenen Text im mikroästhetischen Sinne wäre ein ›künstlicher‹ Text zu verstehen, dessen Elemente (Wörter) insofern das Merkmal der Ununterscheidbarkeit aufwiesen, als sie material, statistisch und semantisch unabhängig voneinander, also stochastisch selektiert sein müßten. Als selektierbares Vokabular aufgefaßt, wäre folgender Text mikroästhetisch ein Repertoire:

›Bald, sehr, muß, Ort, dies, Null, kaum, du, zu, oh,

sich, Tier, und, wird, Punkt, fest, für, zu, p, Fall,
wenn, sich, sehr, vier, der, ganz, rund, und, daß, bei,
so, wir, schon, hast . . .‹

Strukturelle Texte sind Texte, die ihre Elemente, Wörter oder Sätze, in materialer Einheit (Silbenzahl der
Wörter, Wortlänge, Satzlänge usw.) konstituieren.
Natürlich bestimmen auch Metrik und Rhythmik derartige Textstrukturen.

Textformen sind etwa lineare Anordnungen der Wörter zu Zeilen oder polygonale Anordnungen der Zeilen
zu Flächen. Hingegen kann man bei der beliebigen
nichtpolygonalen Verteilung von Wörtern auf einer
Fläche, wie das gelegentlich auf Plakaten oder überhaupt bei Werbetexten der Fall ist, von *Textkonfigu-
rationen* sprechen.

4. Zeichenoperationen

Elisabeth Walther (1973)

In der Architektur
widersetzt sich die
Normung von Formen und
Größen der Substitution.
Das Argument der
Wirtschaftlichkeit,
das auf Normung drängt,
rät ab vom Einfall,
rät zu zum Katalog.
Substitution (Variation)
aber braucht
nur wenig zu kosten,
nur ein rotes Haus
in der grauen Stadt,
nur ein rotes Geheimnis
unter den Argumenten . . .

Die wichtigste semiotische Operation ist zweifellos, was auch Peirce betont, die *Substitution* oder Ersetzung eines Zeichens durch ein anderes. Selbstverständlich ist die Substitution als Operation immer schon in Mathematik und Logik, aber auch in der Rhetorik verwendet worden; denn sowohl zur Beweisführung, die nicht ohne *Umformungen* bzw. Transformationen auskommt, welche an Ersetzung, Einsetzung, Verkürzung usw., kurz an Substitution gebunden sind, als auch zur sprachlichen Überzeugung oder Überredung sind Substitutionen erforderlich. Alle Übersetzungen, Erklärungen, Verdeutlichungen erfordern Ersetzung gewisser Zeichen durch andere. Variation, Lebhaftigkeit des Ausdrucks usw. gehen auf die Ersetzung von Wörtern oder Redewendungen durch andere zurück. Die Gleichheit sprachlicher Muster im täglichen Leben, in Presse, Rundfunk und Fernsehen wirkt oft ermüdend, manchmal lähmend und kann im extremen Fall sogar psychische Krankheiten auslösen. Die Ersetzung durch synonyme Ausdrücke innerhalb der Sprache hält das Interesse wach; die Ersetzung eines aus mehreren Gliedern bestehenden Ausdrucks durch einen einzigen verkürzt die Rechnung oder den Beweisgang in der Mathematik, die Ersetzung aller Ausdrücke einer Nachricht durch andere, nur Eingeweihten bekannte, entzieht die Nachricht dem allgemeinen Verständnis, macht sie geheim. Alle diese Möglichkeiten der Ersetzung von Zeichen durch andere sind seit langem bekannt, und ich brauche wohl keine weiteren Beispiele heranzuziehen, um die Wichtigkeit der Substitution deutlich zu machen.

Die Operationen der *Adjunktion*, *Superisation* und *Iteration*, in die Semiotik eingeführt von Max Bense, Hans Hermes u. a., betreffen die Konnexbildung von Zeichen.

144

Die *Adjunktion* ist eine Zeichenoperation mit reihendem, verkettendem Charakter. Sie führt zu rhematischen oder offenen Konnexen, wobei es keine Rolle spielt, ob die adjungierten Zeichen elementare oder molekulare Zeichen sind. Ein Beispiel für die Adjunktion von Zeichen ist im sprachlichen Bereich alles, was man Wortreihen, Redewendungen, Phrasen oder dergleichen nennt, kurz Wortfolgen, die jedoch noch keinen Satz bilden: »ist rot« oder »ich meine, daß die Franzosen heute noch stärker als«, und ähnliches. In der Architektur sind die Reihen von Fenstern in modernen Hochhäusern, wo Anfang und Ende der Reihen durch rein äußere Bedingungen – der Größe des Baus etwa – gegeben sind, ein Beispiel für Adjunktionen.

Das Beispiel aus der Architektur ist schon gegeben.

Wenn bei der Adjunktion die Reihung von Elementen oder die Wiederholung eines einzigen Elementes zu offenen Konnexen führt, so ist die *Superisation* schon deshalb die wichtigere Operation, weil sie zu abgeschlossenen Konnexen führt, die eine zusammenfassende Ganzheitsbildung einer Menge einzelner Zeichen zu einer Gestalt, einer Konfiguration, einer invarianten Gesamtheit, Superzeichen geheißen, darstellen. Im allgemeinen geht die Adjunktion der Superisation voraus, gleichgültig, ob es sich um Zeichen oder Objekte handelt (wobei selbstverständlich auch das Zeichen selbst, als materielles Gebilde, wie ein Objekt aufzufassen ist). Übrigens bezieht sich die Adjunktion in erster Linie auf den Mittelbezug bzw. die Zeichen als pure Mittel, die Superisation hingegen auf den Objektbezug. Deshalb kann man von »*Supericon*« (Bild, Gestalt, Figur, Rahmensystem usw.), »*Superindex*« (Windrose, Perspektive, Skala, Richtungssysteme usw.) und »*Supersymbol*« (Wörterbuch, Repertoire, Repertoiresystem) sprechen, denen Bense im Interpretantenbezug ein »*Superdicent*« (zum Beispiel »Die Rose ist rot«, »Es ist wahr, daß die Rose rot ist«) hinzufügte. Die Schlußfiguren der Logik, die jeweils ein Superzeichen aus mindestens drei zusammenhängenden Sätzen, nämlich den Prämissen und der Konklusion, darstellen, sind zwar auch Superzeichen im Interpretantenbezug, sind jedoch hinsichtlich ihrer Figur objektbezogen als Supericone zu charakterisieren, so wie auch der Satz als Superzeichen hinsichtlich seiner Figur oder Form ein Supericon darstellt. Jedes

Superisation bildet Gestalt, und alles Entwerfen, insofern es die einzelnen Funktionen und Bauglieder zu einem gemeinsamen Bauwerk ordnet, ist vielstufige Superisation. Der Weg zurück, die Beschreibung der einzelnen Superisationsprozesse, die zu einem Bauwerk geführt haben können, ist ein theoretischer: Die Zahl der Superisationen, die in den Entwurf nur eines einzigen Hauses, eingegangen sind, übersteigt die Möglichkeiten der Analyse. Aber dies ist möglich: bei Betrachtung, Kritik und Beschreibung von Architektur die Zeichenoperationen – und gerade die der Superisation – zu Hilfe zu nehmen, um sich Lesebenen und Lesfolgen zu schaffen, von denen aus man besser sehen kann ...

Superzeichen, das heißt jede Zusammenfassung von Zeichen zu einer neuen Einheit oder Ganzheit, ist stets ein Zeichen höherer Stufe bzw. eines höheren Repertoires. Es ist ein neues Zeichen neuer triadischer Relation.

Superzeichen sind in der Pädagogik, das heißt im Lernprozeß, unentbehrlich, da sie die Lernzeit durch die Zusammenfassung von Elementen zu einem neuen Element (bzw. Zeichen) verkürzen.

Eine Superierung von Zeichen ist immer auch eine Hierarchiebildung von Zeichen, worauf wir im Zusammenhang mit Zeichensystemen noch einmal eingehen werden.

Neben der beschriebenen zeichenexternen Superisation unterscheidet Bense eine zeicheninterne Superisation, die die Trichotomien des Mittel-, Objekt- und Interpretantenbezugs durchläuft. Das folgende Schema, von mir geringfügig verändert, gibt Bense dafür an:

$$\text{Qua}$$
$$\swarrow$$
$$\text{Sin} \rightarrow \text{Leg} \rightarrow \text{Sym}$$
$$\swarrow$$
$$\text{In} \rightarrow \text{Ic} \rightarrow \text{Rhe}$$
$$\swarrow$$
$$\text{Dic} \rightarrow \text{Arg}$$

Die Zeichen bedeuten:

Qua = Qualizeichen
Sin = Sinzeichen
Leg = Legizeichen

Zeichen des Mittelbezugs

Sym = Symbol
In = Index
Ic = Icon

Zeichen des Objektbezugs

Rhe = Rhema
Dic = Dicent
Arg = Argument

Zeichen des Interpretantenbezugs

Das Schema läßt die einzelnen Phasen der generierenden Superisation vom Qualizeichen bis zum Argument verfolgen. Jede Trichotomie kann als Superisation verstanden werden, was der Generierung, die die einzelnen Schritte betrifft, nicht widerspricht. Zum Beispiel ist die Generierung vom Laut über die Silbe zum Wort selbstverständlich auch eine Superisation der Laute zu Silben und der Silben zu Wörtern. Im Schema wird übrigens auch deutlich, daß der Übergang zwischen den Trichotomien auf der gleichen kategorialen Stufe erfolgt und daß daher die Superisation im Objektbezug vom Symbol über den Index zum Icon verläuft, wodurch gewisse Zusammenhänge erklärt werden können, deren Verständnis bisher auf große Schwierigkeiten stieß. Bense macht auch darauf aufmerksam, daß das »Inklusionsschema« der zehn Trichotomien ebenfalls auf Superisationen beruht, so daß die Superisation »offensichtlich als der entscheidende zeichengenerierende Prozeß aufzufassen« sei, »weil sie zugleich von grundlegendem theoretischen und praktischen Interesse ist«. Man kann hinzufügen, daß ein Superzeichen als Ganzheit, als neues Zeichen eines höheren Repertoires, unmittelbar wahrnehmbar ist. Dies wird zum Beispiel deutlich in wissenschaftlichen und technischen Abhandlungen durch Schemata, grafische Darstellungen und Diagramme, in der Literatur durch Zeilen, Strophen, Strophenformen, in der Musik durch Melodien, Sätze usw.

Die *Iteration* als dritte sich auf die Konnexbildung von Zeichen beziehende Operation kann, abstrakt gesehen, mathematisch auch als Teilmengen- oder Potenzmengenbildung bezeichnet werden. Sie führt zur Bildung der vollständigen Konnexe über einem vorausgesetzten Zeichenrepertoire. Ein vollständiger Konnex aus Legizeichen ist nur symbolisch konstituierbar und umfaßt im Interpretantenbezug das, was wir als »Argument« eingeführt hatten. So ist durch die Iteration ein Axiomensystem, ein Kalkül oder ein Regelsystem (auch die Regeln irgendeines Spiels zum Beispiel) mit allen Teilmengen von Zeichen vollständig zu entfalten. Anders ausgedrückt: Die Iteration ist diejenige Zeichenoperation, die aus vorgegebenen elementaren Zeichen alle Teilungen erzeugt. Zum Beispiel lassen sich aus den drei Zeichen »a«, »b«, »c« folgende Konnexe mit Hilfe der Iteration bilden: »a«, »b«, »c«, »ab«, »ac«, »bc«, »abc«, wobei die einzelnen Zeichen als Legizeichen, die sich symbolisch auf irgendwelche Objekte beziehen können, vorausgesetzt werden.

Alle drei Operationen werden zur Bildung von Zeichenobjekten, Zeichenprozessen und Zeichensystemen benötigt.

Die Adjunktion ist im allgemeinen *mittelorientiert,* die Superisation ist *objektorientiert* und die Iteration ist *interpretantenorientiert.* Alle drei Operationen zusammen bilden einen semiotischen Begründungs- und Realisationszusammenhang, wie sich leicht einsehen läßt.

Ein Baukasten mit
 1 Dreieck
 2 Fenstern
 4 Säulen
 8 Halbbögen
16 Ziegelplatten
bildet ein Repertoire
mit einer theoretisch
endlichen Zahl möglicher
Konnexbildungen:
wenn alle Zuordnungen
einmal erprobt sind, ist
Iteration abgeschlossen –
und die Spieler sind müde

Teil VI

Sozialgeschichtliche Bestimmung
architektonischer Gestalt

Vorbemerkung

Ästhetik und Soziologie werden in den drei Beiträgen auf verschiedene Weise aneinander gebunden: Georg Simmel schreibt einen Aufsatz zur soziologischen Ästhetik und findet darin eine Definition und ein Anwendungsgebiet für die Ästhetik in der Soziologie; Theodor W. Adorno trägt Thesen zur Kunstsoziologie in sieben Abschnitten vor (von denen vier hier zitiert werden) und macht das ästhetische Objekt und seine Wirkung zu einem Thema der Soziologie; Henri van Lier schlingt sein Modell der Synergie um alle soziologischen und ästhetischen Erscheinungsformen und erläutert es, faszinierend, am Gegenstand Architektur.

In der ästhetischen Theorie Georg Simmels gibt es zwei Anwendungsgebiete für das Soziologische. Im zweiten Teil seiner Aufsatzreihe »Soziologische Ästhetik«, der hier nachgedruckt wird, beschreibt er ästhetische Schemata, denen auch Gesellschaftsformen sich fügen, besser, in denen sie gedacht und interpretiert werden. Die allgemeine Vorstellung benutzt Bilder (Zeichen), mit denen sie zusammengesetzte Phänomene und Gesetzlichkeiten begreift und sie in die Erinnerung zurückruft. Gesellschaft ist eines der zusammengesetztesten und für den einzelnen schwierigsten Phänomene, dessen er in seiner Vorstellung habhaft werden muß. Er gibt so seiner Vorstellung ein Bild und vereinfacht darin die Vorstellung, um die Fassade eines Bildes nutzen zu können. Simmel beschreibt den gefährlichen ästhetischen Reiz der Symmetrie, den ein zentralistisches Gesellschaftsgefüge für die Vorstellung bereithält: die Regelhaftigkeit, die alles an seinen Platz verweist, die zur Spitze hin aufgebaute Figur, die gleiche Blickrichtungen vorgibt. Aber auch das entgegengesetzte Prinzip der Individualität, in der englischen Staatsform zum Beispiel, wird bildhaft wahrgenommen und hat als Bild ästhetischen Reiz.

Diesen Formen, die die allgemeine ästhetische Wahrnehmung der Gesellschaft zuordnet, stellen sich die Künste während der Zeit ihrer Gültigkeit oft berechtigt entgegen: Es ist nicht selten, daß in offenen Gesellschaftsformen die Künste einengende vereinheitlichende Prinzipien dagegensetzen, daß andererseits die zentralistische Gesellschaft nach Öffnung, gerade über die Kunstform, verlangt. Diesen Spielraum zwischen weit auseinanderliegenden Polen sich zu schaffen und sie in eine neue Wertskala oder in einen Zustand aufgehobener Werte zu versetzen – ist eine *Funktion* des Ästhetischen. Simmel hat diesen Gedanken im ersten Teil seiner Aufsatzreihe schon ausgebreitet; er begleitet den Haupttext als Zitat. Aus diesem Gedanken läßt sich auch ein Konzept für die ästhetische Erziehung formulieren: denn nach der einmal erfahrenen Vertauschbarkeit der ästhetischen Werte läßt sich an die Unantastbarkeit der in der Gesellschaft gelebten Werte, die ja vor allem

Konventionen sind, nur noch schwer glauben. Ästhetische Erziehung ließe so gesellschaftliche Kritik aus der ästhetischen Erfahrung entstehen, enthöbe sie der ideologischen Anweisung.

Auch Adorno spricht von der sozialkritischen Funktion des Kunstwerkes, und auch er meint dies beides: einmal die Kritik, die im Kunstwerk selbst sich verwirklicht, dort auffindbar wird, in ihm eine den Konventionen widerstrebende Struktur deutlich werden läßt – zum anderen die Demonstration des befreienden Umgangs, den die Künste mit den Werten offensichtlich pflegen.

Henri van Lier macht die Synergie zum verschränkenden ästhetischen Prinzip, und alles wird semantisch: Die Werte sind keine Werte mehr, sondern nur noch Funktionen, die Bedeutung tragen, und diese Bedeutungen, als abhängige von Funktion und Betrachter, lassen sich immer wieder verändern. Das Ästhetische ist hier vom Semantischen und das Semantische vom Pragmatischen nicht mehr zu trennen: »Da man an einem Element eines Netzes nicht rühren kann, ohne daß alle anderen betroffen würden, zieht jeder entscheidende Schritt an einem Punkt die Reorganisation der übrigen nach sich, im besonderen der Zentren, die also nicht nur vielfältig, sondern auch beweglich sein müssen.«

1. Soziologische Ästhetik

Georg Simmel (1896)

Am Anfang aller ästhetischen Motive steht die Symmetrie. Um in die Dinge Idee, Sinn, Harmonie zu bringen, muß man sie zunächst symmetrisch gestalten, die Teile des Ganzen untereinander ausgleichen, sie ebenmäßig um einen Mittelpunkt herum ordnen. Die formgebende Macht des Menschen gegenüber der Zufälligkeit und Wirrnis der bloß natürlichen Gestaltung wird damit auf die schnellste, sichtbarste und unmittelbarste Art versinnlicht. So führt der erste ästhetische Schritt über das bloße Hinnehmen der Sinnlosigkeit der Dinge hinaus zur Symmetrie, bis später Verfeinerung und Vertiefung gerade wieder an das Unregelmäßige, an die Asymmetrie, die äußersten ästhetischen Reize knüpft. In symmetrischen Bildungen gewinnt der Rationalismus zuerst sichtbare Gestalt. Solange das Leben überhaupt noch triebhaft, gefühlsmäßig, irrationell ist, tritt die ästhetische Erlösung von ihm in so rationalistischer Form auf. Wenn Verstand, Berechnung, Ausgleichung es erst durchdrungen haben, flieht das ästhetische Bedürfnis wiederum in seinen Gegensatz und sucht das Irrationale und seine äußere Form, das Unsymmetrische.

Die niedrigere Stufe des ästhetischen Triebes spricht sich im Systembau aus, der die Objekte in ein symmetrisches Bild faßt. So brachten zum Beispiel Bußbücher des sechsten Jahrhunderts die Sünden und Strafen in Systeme von mathematischer Präzision und ebenmäßigem Aufbau. Der erste Versuch, die sittlichen Irrungen in ihrer Gesamtheit geistig zu bewältigen, erfolgte so in der Form eines möglichst mechanischen, durchsichtigen, symmetrischen Schemas; wenn sie unter das Joch des Systems gebeugt waren, konnte der Verstand sie am schnellsten und gleichsam mit dem geringsten Widerstande erfassen. Die Systemform zerbricht, sobald man der eigenen Bedeutsamkeit des Objektes innerlich gewachsen ist und sie nicht erst aus einem Zusammenhang mit anderen zu entlehnen braucht; in diesem Stadium verblaßt deshalb auch der ästhetische Reiz der Symmetrie, mit der man sich die Elemente zunächst zurechtlegte.

Man kann nun an der Rolle, die die Symmetrie in sozialen Gestaltungen spielt, recht erkennen, wie scheinbar rein ästhetische Interessen durch materielle Zweckmäßigkeit hervorgerufen werden und umgekehrt ästhetische Motive in die Formungen hineinwirken, die scheinbar der reinen Zweckmäßigkeit folgen. Wir finden zum Beispiel in den verschiedensten alten Kulturen die Zusammenschließung von je zehn Mitgliedern der Gruppe zu einer besonderen Einheit – in militärischer, steuerlicher, kriminalistischer und sonstige Beziehung –, oft so, daß zehn solcher Untergruppen wieder eine höhere Einheit, die Hundertschaft, bilden. Der Grund dieser symmetrischen Konstruktion der Gruppe war sicher die leichtere Übersichtlichkeit, Bezeichenbarkeit, Lenksamkeit. Das eigentümlich stilisierte Bild der Gesellschaft, das bei diesen Organisationen herauskam, ergab sich als Erfolg bloßer Nützlichkeiten. Wir wissen aber ferner, daß diese Bedeutung der »Hundert« schließlich oft nur noch zur Konservierung der bloßen Bezeichnung führte: jene Hundertschaften enthielten oft mehr, oft weniger als hundert Individuen. Im mittelalterlichen Barcelona zum Beispiel hieß der Senat die Einhundert, obgleich er etwa zweihundert Mitglieder hatte. Diese Abweichung von der ursprünglichen Zweckmäßigkeit der Organisation, während doch zugleich deren Fiktion festgehalten wurde, zeigt den Übergang des bloß Nützlichen in das Ästhetische, den Reiz der Symmetrie, der architektonischen Neigungen im sozialen Wesen.

»Die architektonischen Neigungen im sozialen Wesen«, die Anwendung des Begriffs Architektur als Symbol für die bildhafte Manifestation komplizierter, in mehrere Dimensionen verwobener Vorgänge gilt noch immer . . .

Die Tendenz der Symmetrie, zu gleichförmiger Anordnung der Elemente nach durchgehenden Prinzipien, ist nun weiterhin allen despotischen Gesellschaftsformen eigen. Justus Möser schrieb 1772: »Die Herren vom General-Departement möchten gern alles auf einfache Regeln zurückgeführt haben. Dadurch entfernen wir uns von dem wahren Plane der Natur, die ihren Reichtum in der Mannigfaltigkeit zeigt, und bahnen den Weg zum Despotismus, der alles nach wenigen Regeln zwingen will.« Die symmetrische Anordnung macht die Beherrschung der Vielen von einem Punkt aus leichter. Die Anstöße setzen sich länger, widerstandsloser, berechenbarer durch ein symmetrisch angeordnetes Medium fort, als wenn die innere Struktur und die Grenzen der Teile unregelmäßig und fluktuierend sind. So wollte Karl V. alle ungleichmäßigen und eigenartigen politischen Gebilde und Rechte in den Niederlanden nivellieren und diese zu einer in allen Teilen gleichmäßigen Organisation umgestalten; »er haßte«, so schreibt ein Historiker dieser Epoche, »die alten Freibriefe und störrischen Privilegien, die seine Ideen von Symmetrie störten«. Und mit Recht hat man die ägyptischen Pyramiden als Symbole des politischen Baues bezeichnet, den die großen orientalischen Despoten aufführten: eine völlig symmetrische Struktur der Gesellschaft, deren Elemente nach oben hin an Umfang schnell abnehmen, an Höhe der Macht schnell zunehmen, bis sie in die eine Spitze münden, die gleichmäßig das Ganze beherrscht. Ist diese Form der Organisation auch aus ihrer bloßen Zweckmäßigkeit für die Bedürfnisse des Despotismus hervorgegangen, so wächst sie doch in eine formale, rein ästhetische Bedeutung hinein: der Reiz der Symmetrie, mit ihrer inneren Ausgeglichenheit, ihrer äußeren Geschlossenheit, ihrem harmonischen Verhältnis der Teile zu einem einheitlichen Zentrum wirkt sicher in der Anziehungskraft mit, die die Autokratie, die Unbedingtheit des einen Staatswillens auf viele Geister ausübt.

Deshalb ist die liberale Staatsform umgekehrt der Asymmetrie zugeneigt. Ganz direkt hebt Macaulay, der begeisterte Liberale, das als die eigentliche Stärke des englischen Verfassungslebens hervor. »Wir denken«, so sagt er, »gar nicht an die Symmetrie, aber sehr an die Zweckmäßigkeit; wir entfernen niemals eine Anomalie, bloß weil es eine Anomalie ist; wir stellen keine Normen von weiterem Umfang auf, als es der besondere Fall, um den es sich gerade handelt, erfordert. Das sind die Regeln, die im Ganzen, vom König Johann bis zur Königin Viktorie, die Erwägungen unserer 250 Parlamente geleistet haben.« Hier wird also das Ideal der Symmetrie und logischen Abrundung, die allem Einzelnen von einem Punkte aus

seinen Sinn gibt, zugunsten jenes anderen verworfen,
daß jedes Element sich nach seinen eigenen Bedingungen unabhängig ausleben und so natürlich das
Ganze eine regellose und ungleichmäßige Erscheinung
darbieten läßt. Dennoch liegt auch in dieser Asymmetrie, dieser Befreiung des individuellen Falles von
der Präjudizierung durch sein Pendant, ein ästhetischer Reiz neben all ihren konkreten Motiven. Dieser
Oberton klingt deutlich aus den Worten Macaulays
heraus; er stammt aus dem Gefühl, daß diese Organisation das innere Leben des Staates zum typischsten
Ausdruck und in die harmonischste Form bringe.

Am entschiedensten wird der Einfluß ästhetischer
Kräfte auf soziale Tatsachen in dem modernen Konflikt zwischen sozialistischer und individualistischer
Tendenz sichtbar. Daß die Gesellschaft als Ganzes ein
Kunstwerk werde, in dem jeder Teil einen erkennbaren Sinn vermöge seines Beitrages zum Ganzen erhält; daß an Stelle der rhapsodischen Zufälligkeit, mit
der die Leistung des einzelnen jetzt zum Nutzen oder
zum Schaden der Gesamtheit gereicht, eine einheitliche Direktive alle Produktionen zweckmäßig bestimme; daß statt der kraftverschwendenden Kon-
kurrenz und des Kampfes der einzelnen gegeneinander eine absolute Harmonie der Arbeiten eintrete:
diese Ideen des Sozialismus wenden sich zweifellos an
ästhetische Interessen und – aus welchen sonstigen
Gründen man auch seine Forderungen verwerfen
mag – sie widerlegen jedenfalls die populäre Meinung,
daß der Sozialismus, ausschließlich den Bedürfnissen
des Magens entsprungen, auch ausschließlich in sie
münde; und die soziale Frage ist nicht nur eine ethische, sondern auch eine ästhetische.

Widerstände und Reibungen, das harmonische Ineinandergreifen der kleinsten und der größten Bestandteile: Das verleiht der Maschine selbst bei oberfläch-
licher Betrachtung eine eigenartige Schönheit, die die
Organisation einer Fabrik in erweitertem Maße wiederholt und die der sozialistische Staat am allerweite-
sten wiederholen soll.

Dieses eigentümliche, auf Harmonie und Symmetrie
hingehende Interesse, in dem der Sozialismus seinen
rationalistischen Charakter zeigt und mit dem er das
soziale Leben gleichsam stilisieren will, tritt rein

»Und die soziale Frage
ist nicht nur eine
ethische, sondern auch
eine ästhetische.«
Die Symmetrie als Abbild
zentralistischer
Herrschaftsform ist ein
einfaches Bild für die
allgemeine
Vorstellungskraft;
denn sie weist gesicherte
Plätze zu. Solange nicht
die Fähigkeit zum
Verstehen und Erinnern
komplizierterer
Vorstellungsmuster

als Abbilder von Organisations- und Herrschaftsformen allgemein geweckt und geschult wird (*Ästhetische Erziehung*), wird auch die soziale Frage, die die komplizierteste ist, wieder über vereinfachende Muster allgemein gemacht werden können

äußerlich darin hervor, daß sozialistische Utopien die lokalen Einzelheiten ihrer Idealstädte oder -staaten immer nach dem Prinzip der Symmetrie konstruieren: entweder in Kreisform oder in quadratischer Form werden die Ortschaften oder Gebäude angeordnet. In Campanellas Sonnenstaat ist der Plan der Reichshauptstadt mathematisch abgezirkelt, ebenso wie die Tageseinteilung der Bürger und die Abstufung ihrer Rechte und Pflichten. Dieser allgemeine Zug sozialistischer Pläne zeugt nur in roher Form für die tiefe Anziehungskraft, die der Gedanke der harmonischen, innerlich ausgeglichenen, allen Widerstand der irrationalen Individualität überwindenden Organisation des menschlichen Tuns ausübt – ein Interesse, das, ganz abseits von den materiell greifbaren Folgen solcher Organisation, sicher auch als ein rein formal ästhetisches einen nie *ganz* verschwindenden Faktor in den sozialen Gestaltungen bildet.

Wenn man die Anziehungskraft des Schönen darein gesetzt hat, daß seine Vorstellung eine Kraftersparnis des Denkens bedeute, das Abrollen einer maximalen Anzahl von Vorstellungen mit einem Minimum von Anstrengung, so erfüllt die symmetrische, gegensatzfreie Konstruktion der Gruppe, wie der Sozialist sie erstrebt, diese Forderung vollkommen. Die individualistische Gesellschaft mit ihren heterogenen Interessen, mit ihren unversöhnten Tendenzen, ihren unzählige Male begonnenen und – weil nur von einzelnen getragen – ebensooft unterbrochenen Entwicklungsreihen: eine solche Gesellschaft bietet dem Geiste ein unruhiges, sozusagen unebenes Bild, ihre Wahrnehmung fordert fortwährend neue Innervationen ihr Verständnis neue Anstrengung; während die sozialistische, ausgeglichene Gesellschaft mit ihrer organischen Einheitlichkeit, ihrer symmetrischen Anordnung, der gegenseitigen Berührung ihrer Bewegungen in gemeinsamen Zentren dem beobachtenden Geist ein Maximum von Wahrnehmungen, ein Umfassen des sozialen Bildes mit einem Minimum von geistigen Kraftaufwand ermöglicht – eine Tatsache, deren ästhetische Bedeutung viel mehr, als diese abstrakte Formulierung verrät, die psychischen Verfassungen in einer sozialistischen Gesellschaft beeinflussen müßte.

Symmetrie bedeutet im Ästhetischen Abhängigkeit des einzelnen Elementes von seiner Wechselwirkung mit allen anderen, zugleich aber Abgeschlossenheit des damit bezeichneten Kreises; während asymmetrische Gestaltungen mit dem individuelleren Rechte jedes Elementes mehr Raum für frei und weit ausgreifende Beziehungen gestatten. Dem entspricht die innere Organisation des Sozialismus und die Erfahrung, daß alle historischen Annäherungen an sozialistische Verfassung immer nur in streng geschlossenen Kreisen stattfanden, die alle Beziehungen zu außerhalb gelegenen Mächten ablehnten. Diese Geschlossenheit, die sowohl dem ästhetischen Charakter der Symmetrie wie dem politischen Charakter des sozialistischen Staates eignet, hat zur Folge, daß man angesichts des nicht aufzuhebenden internationalen Verkehrs allgemein betont, der Sozialismus könne nur einheitlich in der ganzen Kulturwelt, nicht aber in irgendeinem einzelnen Lande zur Herrschaft kommen.

Nun aber zeigt sich die Geltungsweite der ästhetischen Motive darin, daß sie sich mit mindestens der gleichen Kraft auch zugunsten des entgegengesetzten sozialen Ideals äußern. Die Schönheit, die heute tatsächlich empfunden wird, trägt noch fast ausschließlich individualistischen Charakter. Sie knüpft sich im wesentlichen an einzelne Erscheinungen, sei es in ihrem Gegensatz zu den Eigenschaften und Lebensbedingungen der Masse, sei es in direkter Opposition gegen sie. In diesem Sich-Entgegensetzen und -Isolieren des Individuums gegen das Allgemeine, gegen das, was für alle gilt, ruht großenteils die eigentlich romantische Schönheit – selbst dann, wenn wir es zugleich ethisch verurteilen. Gerade daß der einzelne nicht nur das Glied eines größeren Ganzen, sondern selbst ein Ganzes sei, das nun als solches nicht mehr in jene symmetrische Organisation sozialistischer Interessen hineinpaßt – gerade das ist ein ästhetisch reizvolles Bild. Selbst der vollkommenste soziale Mechanismus ist eben Mechanismus und entbehrt der Freiheit, die, wie man sie auch philosophisch ausdeuten möge, doch als Bedingung der Schönheit erscheint. So sind denn auch von den in letzter Zeit hervorgetretenen Weltanschauungen die entschieden am individualistischsten, die

Aus dem 1. Teil der drei-
teiligen Aufsatzreihe über
Soziologische Ästhetik:

»Das Wesen der
ästhetischen Betrachtung
und Darstellung
liegt für uns darin,
daß in dem einzelnen der
Typus, in dem Zufälligen
das Gesetz, in dem
Äußerlichen und Flüchtigen
das Wesen und die
Bedeutung der Dinge
hervortreten. Dieser
Reduktion auf das, was an
ihr bedeutsam und ewig
ist, scheint sich keine
Erscheinung entziehen zu
können. Auch das
Niedrigste, an sich
Häßlichste, läßt sich
in einen Zusammenhang
der Farben und Formen,
der Gefühle und Erlebnisse
einstellen, der ihm
reizvolle Bedeutung
verleiht; in das
Gleichgültigste, das uns
in seiner isolierten
Erscheinung banal und
abstoßend ist, brauchen

des Rembrandt und die Nietzsches, durchweg von ästhetischen Motiven getragen. Ja so weit geht der Individualismus des modernen Schönheitsempfindens, daß man Blumen, insbesondere die modernen Kulturblumen, nicht mehr zum Strauße binden mag: man läßt sie einzeln, bindet höchstens einzelne lose zusammen. Jede ist zu sehr etwas für sich, sie sind ästhetische Individualitäten, die sich nicht zu einer symmetrischen Einheit zusammenordnen; wogegen die unentwickelteren, gleichsam noch mehr im Gattungstypus verbliebenen Wiesen- und Waldblumen gerade entzückende Sträuße geben.

Diese Bindung der gleichartigen Reize an unversöhnliche Gegensätze weist auf den eigentümlichen Ursprung der ästhetischen Gefühle hin. So wenig Sicheres wir über diesen wissen, so empfinden wir doch als wahrscheinlich, daß die materielle Nützlichkeit der Objekte, ihre Zweckmäßigkeit für Erhaltung und Steigerung des Gattungslebens, der Ausgangspunkt auch für ihren Schönheitswert gewesen sind. Vielleicht ist für uns das schön, was die Gattung als nützlich erprobt hat und was uns deshalb, insofern diese in uns lebt, Lust bereitet, ohne daß wir als Individuen jetzt noch die reale Nützlichkeit des Gegenstandes genössen. Diese ist längst durch die Länge der geschichtlichen Entwicklung und Vererbung hinweggeläutert; die materiellen Motive, aus denen unsere ästhetische Empfindung stammt, liegen in weiter Zeitenferne und lassen dem Schönen so den Charakter der »reinen Form«, einer gewissen Überirdischkeit und Irrealität, wie sich der gleiche verklärende Hauch über die eigenen Erlebnisse vergangener Zeiten legt. Nun aber ist das Nützliche ein sehr Mannigfaltiges, in verschiedenen Anpassungsperioden, ja in verschiedenen Provinzen derselben Periode oft von entgegengesetztestem Inhalt.

Insbesondere jene großen Gegensätze alles geschichtlichen Lebens: die Organisation der Gesellschaft, für die der einzelne nur Glied und Element ist, und die Wertung des Individuums, für das die Gesellschaft nur Unterbau sei, gewinnen infolge der Mannigfaltigkeit der historischen Bedingungen abwechselnd die Vorhand und mischen sich in jedem Augenblick in veränderlichsten Proportionen. Dadurch sind nun die

Voraussetzungen gegeben, auf die hin sich die ästhetischen Interessen der einen sozialen Lebensform so stark wie der anderen zuwenden können. Der scheinbare Widerspruch, daß der gleiche ästhetische Reiz der Harmonie des Ganzen, in dem der einzelne verschwindet, auch dem Sich-Durchsetzen des Individuums zuwächst, erklärt sich ohne weiteres, wenn alles Schönheitsempfinden das Destillat, die Idealisierung, die abgeklärte Form ist, mit der die Anpassungen und Nützlichkeitsempfindungen der Gattung in dem einzelnen nachklingen, auf den jene reale Bedeutung nur als eine vergeistigte und formalistische vererbt worden ist. Dann spiegeln sich alle Mannigfaltigkeiten und alle Widersprüche der geschichtlichen Entwicklung in der Weite unseres ästhetischen Empfindens, das so an die entgegengesetzten Pole der sozialen Interessen die gleiche Stärke des Reizes zu knüpfen vermag.

wir uns nur tief und liebevoll genug zu versenken, um auch dies als Strahl und Wort der letzten Einheit aller Dinge zu empfinden, aus der ihm Schönheit und Sinn quillt und für die jede Philosophie, jede Religion, jeder Augenblick unserer höchsten Gefühlserhebungen nach Symbolen ringen. Wenn wir diese Möglichkeit ästhetischer Vertiefung zu Ende denken, so gibt es in den Schönheitswerten der Dinge keine Unterschiede mehr.«

2. Thesen zur Kunstsoziologie

(Vier aus sieben Abschnitten)

Theodor W. Adorno (1965)

An anderer Stelle in dem nicht zitierten Teil des Vortrags: »Kunstsoziologie umfaßt, dem Wortsinn nach, alle Aspekte im Verhältnis von Kunst und Gesellschaft.«

Die Frage, ob Kunst und alles, was auf sie sich bezieht, soziales Phänomen sei, ist selbst ein soziologisches Problem. Es gibt Kunstwerke höchster Dignität, die zumindest nach den Kriterien ihrer quantitativen Wirkung sozial keine erhebliche Rolle spielen und die darum Silbermann zufolge aus der Betrachtung auszuscheiden hätten. Dadurch aber würde die Kunstsoziologie verarmen: Kunstwerke obersten Ranges fielen durch ihre Maschen. Wenn sie, trotz ihrer Qualität, *nicht* zu erheblicher sozialer Wirkung gelangen, ist das ebenso ein fait social wie das Gegenteil. Soll die Kunstsoziologie davor einfach verstummen? Der soziale Gehalt von Kunstwerken selbst liegt zuweilen, etwa konventionellen und verhärteten Bewußtseinsformen gegenüber, gerade im *Protest* gegen soziale Rezeption; von einer historischen Schwelle an, die in der Mitte des neunzehnten Jahrhunderts zu suchen wäre, ist das bei autonomen Gebilden geradezu die Regel. Kunstsoziologie, die das vernachlässigte, machte sich zu einer bloßen Technik zugunsten der Agenturen, die berechnen wollen, womit sie eine Chance haben, Kunden zu werben, und womit nicht.

Das latente Axiom der Auffassung, welche Kunstsoziologie auf die Erhebung von Wirkungen vereidigen möchte, ist, daß Kunstwerke in den subjektiven Reflexen auf sie sich erschöpfen. Sie sind dieser wissenschaftlichen Haltung nichts als Stimuli. Das Modell paßt in weitestem Maß auf die Massenmedien, die auf Wirkungen kalkuliert und nach präsumtiven Wirkungen, und zwar im Sinne der ideologischen Ziele der Planenden, gemodelt sind. Es gilt aber nicht generell.

Autonome Kunstwerke richten sich nach ihrer immanenten Gesetzlichkeit, nach dem, was sie als sinnvoll und stimmig organisiert. Die Intention der Wirkung mag beiher spielen. Ihr Verhältnis zu jenen objektiven Momenten ist komplex und variiert vielfach. Es ist aber gewiß nicht das ein und alles der Kunstwerke. Diese sind selbst ein Geistiges, ihrer geistigen Zusammensetzung nach erkennbar und bestimmbar; nicht unqualifizierte, gleichsam unbekannte und der Analyse entzogene Ursachen von Reflexbündeln. Unvergleichlich viel mehr ist an ihnen auszumachen, als ein Verfahren sich beikommen läßt, das Objektivität und Gehalt der Werke, wie man neudeutsch sagt, ausklammern möchte. Eben dies Ausgeklammerte hat soziale Implikate. Daher ist die geistige Bestimmung der Werke, positiv oder negativ, in die Behandlung der Wirkungszusammenhänge hineinzunehmen. Da Kunstwerke einer anderen Logik als der von Begriff, Urteil und Schluß unterliegen, haftet der Erkenntnis objektiven künstlerischen Gehalts ein Schatten des Relativen an. Aber von dieser Relativität im Höchsten bis zu der prinzipiellen Leugnung eines objektiven Gehaltes überhaupt ist ein so weiter Weg, daß man den Unterschied als einen ums Ganze betrachten darf. Schließlich mag es sehr große Schwierigkeiten bereiten, den objektiven Gehalt eines späten Quartetts von Beethoven denkend zu entfalten; aber die Differenz zwischen diesem Gehalt und dem eines Schlagers ist, und zwar in sehr bündigen, weithin technischen Kategorien, anzugeben. Die Irrationalität der Kunstwerke wird im allgemeinen von Kunstfremden viel höher angeschlagen als von denen, die in die Disziplin der Werke selbst sich begeben und von ihnen etwas verstehen. Zu dem Bestimmbaren gehört auch der den Kunstwerken immanente soziale Gehalt, etwa das Verhältnis Beethovens zu bürgerlicher Autonomie, Freiheit, Subjektivität, bis in seine kompositorische Verfahrungsweise hinein. Dieser soziale Gehalt ist, ob auch unbewußt, ein Ferment der Wirkung. Desinteressiert Kunstsoziologie sich daran, so verfehlt sie die tiefsten Beziehungen zwischen der Kunst und der Gesellschaft:
die, welche in den Kunstwerken selbst sich kristallisieren.

Vgl. Edgar Allan Poe und das Kapitel von den Freuden der Konstruktion

Der immanente soziale Gehalt ist in der Architektur, sofern sie nicht Kunst ist, groß; denn sie schafft Lebensbedingungen. Den immanenten sozialen Gehalt vermittelt Architektur dem Nutzer nur,

sofern sie Kunst ist,
sofern es dem
Architekten gelingt,
in seinem Entwurf
eine für die soziologische
Absicht adäquate bauliche
Gestalt zu finden,
insofern er also sein
Verhältnis zur Gesellschaft
als Experte auf seinem
Gebiet realisiert
und nicht als Laie in der
Öffentlichkeit bespricht . . .

An anderer Stelle in
Vortrag: »Wertfreiheit und
sozialkritische Funktion
sind unvereinbar«, die
sozialkritische Funktion
eines Kunstwerks steht
in verschränkter
Abhängigkeit zu seinem
künstlerischen Bild,
wer erinnerte Le Duc
ohne seine Zeichnungen

Das berührt auch die Frage nach der künstlerischen Qualität. Diese ist zunächst einmal ganz schlicht als eine der Angemessenheit ästhetischer Mittel an ästhetische Zwecke, der Stimmigkeit, dann aber auch die der Zwecke selbst – ob es sich etwa um die Manipulation von Kunden oder um ein geistig Objektives handelt – der soziologischen Untersuchung offen. Wofern diese nicht unmittelbar auf solche kritische Analyse sich einläßt, bedarf sie deren doch als ihrer eigenen Bedingung. Das Postulat der sogenannten Wertfreiheit kann davon nicht dispensieren. Die gesamte Diskussion über Wertfreiheit, die man neuerdings wieder zu beleben und sogar zum entscheidenden Kontroverspunkt der Soziologie zu machen sucht, ist überholt. Auf der einen Seite kann nicht nach freischwebenden, gleichsam jenseits der sozialen Verflechtungen oder jenseits der Manifestationen des Geistes etablierten Werten geblickt werden. Das wäre dogmatisch und naiv. Der Wertbegriff selbst ist bereits Ausdruck einer Situation, in der das Bewußtsein geistiger Objektivität aufgeweicht ward. Als Gegenschlag gegen den kruden Relativismus hat man ihn willkürlich verdinglicht. Andererseits aber setzt jede künstlerische Erfahrung, in Wahrheit sogar jedes einfache Urteil der prädikativen Logik, so sehr Kritik voraus, daß davon zu abstrahieren ebenso willkürlich und abstrakt wäre wie die Hypostasis der Werte. Die Scheidung von Werten und Wertfreiheit ist von oben her ausgedacht. Beide Begriffe tragen die Male eines falschen Bewußtseins, die irrationale, dogmatische Hypostase ebenso wie das neutralisierende, in seiner Urteilslosigkeit gleichfalls irrationale Hinnehmen dessen, was der Fall sei. Kunstsoziologie, welche von dem Max Weberschen Postulat sich gängeln ließe, das jener, sobald er Soziologe und nicht Methodologe war, sehr qualifizierte, würde bei allem Pragmatismus unfruchtbar. Gerade durch ihre Neutralität geriete sie in überaus fragwürdige Wirkungszusammenhänge, den bewußtlosen Dienst für jeweils mächtige Interessen, denen dann die Entscheidung zufällt, was gut sei und was schlecht.

7

Schließlich zur Terminologie: was ich in der ›Einleitung in die Musiksoziologie‹ Vermittlung genannt habe, ist nicht, wie Silbermann annimmt, dasselbe wie Kommunikation. Den Begriff der Vermittlung habe ich dort, ohne dies Philosophische im mindesten verleugnen zu wollen, streng im Hegelschen Sinne gebraucht. Vermittlung ist ihm zufolge die in der Sache selbst, nicht eine zwischen der Sache und denen, an welche sie herangebracht wird. Das letztere allein jedoch wird unter Kommunikation verstanden. Ich meine, mit anderen Worten, die sehr spezifische, auf die Produkte des Geistes zielende Frage, in welcher Weise gesellschaftliche Strukturmonumente, Positionen, Ideologien und was immer in den Kunstwerken selbst sich durchsetzen. Die außerordentliche Schwierigkeit des Problems habe ich ungemildert hervorgehoben, und damit die einer Musiksoziologie, die nicht mit äußerlichen Zuordnungen sich begnügt; nicht damit, zu fragen, wie die Kunst in der Gesellschaft steht, wie sie in ihr wirkt, sondern die erkennen will, wie Gesellschaft in den Kunstwerken sich objektiviert. Die Frage nach der Kommunikation, die ich, und zwar als kritische, für ebenso relevant halte wie Silbermann, ist davon sehr verschieden. Bei der Kommunikation ist aber nicht nur zu bedenken, was jeweils offeriert und was nicht kommuniziert wird; auch nicht nur, wie die Rezeption erfolgt, übrigens ein Problem qualitativer Differenzierung, von dessen Schwierigkeiten einzig der sich eine Vorstellung macht, der einmal im Ernst versucht hat, Hörerreaktionen genau zu beschreiben. Es gehört dazu wesentlich, *was* kommuniziert wird. Vielleicht darf ich, um das zu erläutern, an meine Frage erinnern, ob eine durchs Radio verbreitete und womöglich ad nauseam wiederholte Symphonie überhaupt noch die Symphonie ist, von der die herrschende Vorstellung annimmt, daß das Radio sie Millionen schenkte. Das hat dann weittragende bildungssoziologische Konsequenzen; etwa, ob die massenhafte Verbreitung irgendwelcher Kunstwerke tatsächlich jene Bildungsfunktion besitze, die ihr zugesprochen wird. Der Streit um die Kunstsoziologie ist für die Bildungssoziologie unmittelbar relevant.

Vermittlung – Kommunikation. Architektur vermittelt gesellschaftliche Strukturmomente als Programm (in ihrer nichtästhetischen Funktion) und als Abbild im Bau (in ihrer ästhetischen Funktion).
Die Kommunikation zwischen Nutzer und Architektur, die keine ausgewählte – wie ein Rundfunkprogramm –, sondern eine notwendige ist, unterliegt keinem Mechanismus der Verbreitung, der für ihre Rezeption sorgt, sondern der Mechanismus der Verbreitung, das ist die Architektur selbst. *Kommunikation* zwischen Architektur und Nutzer wird immer feindseliger, um so weniger im Bau die *Vermittlung* von gesellschaftlichen Strukturmomenten als Kunstwerk gelingt

3. Synergetische Architektur

Henri van Lier (1968)

Es ist unmöglich, Architektur vorauszusagen. Wir wissen nicht, wie neue Konstruktionen und neue Materialien das Bauen revolutionieren werden. Wir wissen nicht, welche gesellschaftlichen Umwälzungen den Menschen dazu zwingen werden, seine Umwelt neu zu ordnen. Selbst wenn wir dies wüßten, bliebe unsere Vorausschau dennoch unvollständig, weil die Funktionen, die den Architekten angehen, keine reinen Funktionen sind wie die, deren der Ingenieur sich annimmt. Das, womit der Architekt sich befaßt, hängt von der Situation ab. Es ist eingespannt in eine konkrete Wirklichkeit von Raum und Zeit, die einen gewissen Spielraum läßt. In diesen Spielraum schieben sich kulturelle Belange ein, die sich der Voraussage entziehen.

Das soll nicht heißen, daß innerhalb dieses Spielraumes unbegrenzte Freiheit gegeben sei. Gerade auf dem Gebiet, das uns hier beschäftigt, beginnt die Welt fortschreitender Technik auf das Bauen deutlichen Einfluß zu nehmen. Nicht daß etwa der Zwang bestünde, im Bauen die Maschine nachzuahmen, vielmehr erwartet man vom Bauen gelegentlich, daß es Orten der Entspannung und der Erholung ein Gesicht gibt, das im Gegensatz zu dem der Orte der Arbeit stehen soll. Jedoch sind bestimmte Züge unserer technischen Welt nicht mehr auf die der Arbeit beschränkt, sondern sie finden sich in allen Gegenständen wieder, die wir gebrauchen. Sie dringen in unsere Sinne ein, in unseren Geist und in unsere Vorstellungen so weit, daß weder unsere Arbeit noch unsere Muße sich ihnen entziehen könnten.

Synergie als eine verschränkte, überlagerte, mehrdimensionale Form des Funktionierens

Unter diesen Gesetzmäßigkeiten herrscht eine vor, die vielleicht die anderen einschließt: die Synergie. Dieser Begriff ist unter Biologen geläufig. Sie bezeichnen damit, daß mehrere Organe sich miteinander verbinden, um eine einzige Funktion zu erfüllen. Synergie kann aber auch im umgekehrten Sinne bedeuten, daß mehrere Funktionen von einem einzigen Organ ausgeübt werden. Gilbert Simondon hat den Begriff in diesem Sinne verwendet, um zu zeigen, daß alle Serien in der Technik in einem Prozeß sich befinden, den er den Prozeß der Konkretisation nennt. Dieser Prozeß beginnt damit, daß verschiedene Funktionen einer Maschine (Steifigkeit und Kühlung eines Motors, Steifigkeit und tragende Außenhaut eines Flugzeugrumpfes) durch dafür bestimmte Organe ausgeübt werden (Zylinder und Wasser, tragendes Gerippe und Außenhaut). So voneinander getrennt, »abstrakt«, vertragen sich die Organe untereinander mehr oder weniger nicht. Daraus entsteht Verlust von Energie oder von Information. Daher neigen die Techniker dazu, Modelle zu schaffen, durch welche mehrere Funktionen von einem einzigen Organ ausgeübt werden: Rippen, die zugleich der Aussteifung und der Kühlung dienen, der selbsttragende Flugzeugrumpf, dessen Außenhaut zugleich die Funktion des Gerippes übernimmt. Unverträglichkeiten treten nicht nur zwischen den Organen auf, sondern auch zwischen dem Stoff und dem Objekt, seiner Struktur, zwischen dem Objekt und der Natur, von der es umgeben wird, zwischen dem Objekt und anderen Objekten, zwischen dem Objekt und dem Menschen, der es gebraucht. Die Synergie ruft zur Integration und Verschmelzung in der Hinsicht auf. Wir haben eine Schwelle überschritten: während jedes technische Objekt zugleich abstrakt und konkret ist, waren die früheren, noch primitiveren vornehmlich abstrakt, die unseren dagegen sind schon so weit entwickelt, daß sie uns durch ihre Konkretheit überraschen. Solche Konkretheit beginnt der Umwelt ein neues Gesicht zu geben.

Schon früher habe ich zu zeigen versucht, daß Ähnliches auf allen Gebieten sich abspielt, in der Malerei, in der Bildhauerei, in der Musik, im Tanz, in der Literatur, in der Wissenschaft, in der Psychologie, in der Philosophie und in der Architektur. Auf diese möchte ich mich hier konzentrieren und zeigen, wie die Synergie, ohne daß man schon die Grenze dessen erreicht hätte, was sie an Freiheit gewährt, zu einem allgegenwärtigen Vorstellungsschema geworden ist,

das die Architektur unwiderruflich prägt und sogar
diejenigen, die in ihr leben. Wir werden mit einem
Hinweis auf eine Politik schließen, deren Notwendigkeit aus dem Gesagten sich ergibt.

Die Architektur

1. *Der Vorstoß in synergetische Technik*
Die Architektur-Landschaft

An den Rändern dessen, was das technische Objekt
noch umfaßt, entstehen nach außerhalb Fransen von
Abstraktion und damit Verluste von Information oder
von Energie. Aus diesem Grund strebt das synergetische Netz, das synergetische Zusammenwirken danach, den Planeten zu umspannen einschließlich seiner
Wüsten, seiner Pole, seiner Atmosphäre, und sei es,
um natürliche Reservate vorzusehen, die aber zu Teilen des Systems werden. Das Netz bemächtigt sich
aber nicht nur der Fläche, sondern auch der dritten
Dimension. Wir sehen, daß es buchstäblich in die
Tiefe wirkt, wenn der Landwirt die Umwandlung des
Bodens bis in die Veränderung der Bodenstruktur
hinein betreibt. Kurz gesagt, wir bauen ein Milieu auf,
in dem nicht mehr die ursprüngliche Natur waltet,
aber auch nicht mehr der bloße Kunstbau. Die Synergie ruft zwingend dazu auf, Natürliches und
Künstliches untrennbar miteinander zu verbinden und
so eine vermittelnde Wirklichkeit zu schaffen.

Vermittelnde Wirklichkeit:
Vermischung von Funktion
und abgebildeter Funktion,
Vermischung von Realität
und Mitrealität,
Vermischung von
Architektur und
Landschaft,
von Objekt und Milieu . . .

Wenn man sich darauf einigt, daß Architektur außer
den Gebäuden alles das beinhaltet, was der Mensch in
seiner Umgebung ordnet und herstellt, Straßen, Ei-
senbahnen, Flugplätze und andere wie auch immer
organisierte Flächen und Räume, so muß man sich
ebenso darauf einigen, daß Architektur, statt wie
früher in der Landschaft zu sein, sie künftig einschlie-
ßen muß. Die Architektur darf dadurch die Landschaft aber nicht etwa abschaffen, denn es ist eine der
Forderungen verallgemeinerter Synergie, daß Objekt
und Milieu so eng wie möglich zusammengefügt werden müssen. Daraus entsteht nach dem Worte von
Simondon ein assoziiertes Milieu. Von dieser Art ist die
Architekturlandschaft. Sie ist weder bestimmt durch

166

Unterordnung noch durch Vergewaltigung, sondern durch vermittelnde Realität par excellence. Architekturlandschaft geht über die Kategorie des Mittels hinaus (zu schützen, zu isolieren, zu verteilen). Statt dessen identifiziert sie sich mit der Raumzeit, durch die Bewegung und Sein bestimmt werden. Eine Landschaft ist kein Mittel.

Nun kann es der Architekt sich nicht mehr leicht machen, indem er der Natur folgt, von der er Teilstücke behandelte, indem er sie als Untergrund verwandte oder indem er sich inspirieren ließ von dem, was er für ihre Gesetze hielt. Das ist ihm nicht mehr gestattet. Er muß nunmehr Respekt mit Erfindungskraft verbinden oder besser, Respekt zeigen im Hinblick auf Erfindungen, die darauf ausgerichtet sind, Natürliches umfassend und tiefgreifend in ein universelles Gebautes einzubeziehen.

2. Innere Logik der synergetischen Technik Nach-Architektur

Da die technischen Funktionen der früheren Welt »abstrakt« und wenig differenziert waren, konnten sie in Räumen sich abspielen, deren Bestimmung nicht allzu eingeengt war. Der Baumeister war sehr frei in der Wahl von Dimensionen und von Zuordnungen der Gehäuse, die er errichtete. Im Gegensatz dazu sind die Funktionen eines synergetischen Netzes sehr differenziert und vielfältig miteinander verbunden. Daher verlangen sie nach einer Umhüllung, die sich ihnen anschmiegt. Zugleich bezeichnen sie sich gegenseitig, geben einander Zeichen so deutlich, daß sie selber aus sich selbst einen Sinn erhalten. So kommt es, daß der Architekt, statt nach Feldherrnart bewegliche Realitäten zu ordnen, vor einem System sich befindet, das Architektur ist, schon bevor er auftritt, und Architektur aus sich selbst schon hervorbringt. Seine Arbeit stellt sich also dar als eine Nacharchitektur, die in folgenden Arbeitsschritten entsteht:

Lier unterscheidet *abstrakt* und *konkret* im Umgang mit Funktionen: Abstrakt werden Funktionen eindimensional einem Gegenstand oder einer Lösung zugeordnet; Konkret werden Funktionen in ihrer vielfältigen Verbundenheit aufgefunden und ausgenutzt

a) Die genaue Erfassung der Synergien, die im Netz auffindbar sind, das heißt der im Netz schon enthaltenen Vorarchitektur.

Vorarchitektur: ein Maximum an funktional vorbestimmter

Entscheidung herausfinden;
Nacharchitektur:
die funktional
vorbestimmten
Entscheidungen in der
Gestaltung
nachordnen,
manifestieren,
lesbar machen
(als Zeichen)

b) Die Bemühung um eine Gestaltung, welche die angesprochenen Funktionen so weit wie möglich freisetzt.

c) Die neue Bemühung um eine Gestaltung, welche die freigesetzten Funktionen nicht nur sich realisieren, sondern sich sogar manifestieren läßt, damit sie sich räumlich ausdrücken können und damit eine auf die andere hinweisen kann, sich gegenseitig bezeichnend, sich Zeichen gebend, sich signifizierend (signum facere).

d) Endlich die Anstrengung, bauliche Mittel zu finden, um damit die projektierte Raumzeit herzustellen. Wenn die Materialien und die baulichen Strukturen gleichermaßen synergetisch sind und wenn sie sich gleichermaßen manifestieren, können sie mithelfen, die sinngebenden inneren Zusammenhänge zu betonen, die in der Gestaltung bereits ins Werk gesetzt wurden. (Ein Zeuge dafür ist Nervi.)

So will es seit dem Bauhaus der Funktionalismus. Es ist nicht Sache der Architektur, sich zunächst um Komfort, Rendite oder Kunst zu bemühen, sondern um Sinngebung. Architektur an der Bequemlichkeit zu messen, die sie schafft, hieße, den Menschen auf seine bloßen Bedürfnisse zu reduzieren, während er doch viel stärker von seinen Wünschen bestimmt ist oder, was dasselbe heißt, von Bedeutungen, die oftmals sogar auf das Gegenteil von Bequemlichkeit hinauslaufen. Wer Architektur nach ihrer Rentabilität bewertet, vergißt, daß für den heutigen Techniker Information mehr bedeutet als Energie und daß er Architektur weniger nach ihrer Quantität (hard ware) denn nach ihrer Qualität (soft ware) bemißt, das heißt wiederum nach ihrer Fruchtbarkeit und nach der Anpassungsfähigkeit der Signifikationen, die sie produziert. Die Architektur danach zu beurteilen, wieviel an ihr Kunst sei, sie als Nur-Kunst zu sehen, ist ebenso zweifelhaft, wie sehr dies auch höheren Ansprüchen entgegenkommen mag. Ohne Zweifel erhebt sich Gebautes gelegentlich zu großer Kunst, das heißt, es kann ihm gelingen, Teil der Welt zu werden, in sich selbst eine Welt zu sein, ein Stück Raumzeit. Gropius hat diese Möglichkeit nicht verneint. Strahlende Gipfel sind aber selten. Eine Architektur ist von Wert, sie ist menschlich, sobald sie die Aktionen um uns herum in verständlicher Weise und rücksichtsvoll ordnet. Im Grunde ist sie weder auf Nutzen gerichtet noch auf Kunst, vielmehr ist sie semantisch. Ästhetisch könnte man an Architektur nur das nennen, was durch Gestaltung der Baumassen an Zwischenbeziehungen manifestiert wird.

Das sind Binsenwahrheiten, alt wie die Hütte der Dogonen und wie der Königspalast. Aber sie gewinnen heute eine neue Bedeutung insofern, als nun der Baumeister die Aufgabe hat, ein technisches Universum zu »re-semantisieren«, welches verborgen bereits semantisiert ist. Außerdem ist es nunmehr möglich, daß die synergetischen Funktionen mit einer Klarheit und mit einem Reichtum sich erhellen, welche jene »abstrakten« der früheren Welt nicht besaßen. Soviel ist sicher: der Funktionalismus, der den semantischen Dimensionen der Objekte zu ihrem Recht verhilft, ist eine Lehre des 20. Jahrhunderts.

3. *Austausch dank der synergetischen Technik*
Eine offene Architektur

Die Synergie spielt sich nicht nur zwischen den Organen des technischen Objektes ab, sondern auch zwischen diesem und seiner Umgebung. Das Ideal wäre also nicht mehr, Systeme zu schaffen, die in sich saturiert sind, wie die Automaten des 18. Jahrhunderts es waren, sondern offene Systeme, welche in den Austausch von Information und von Energie mit einer möglichst großen Zahl anderer Systeme treten. In der Mythologie des Technikers hat der Roboter dem Netz Platz gemacht.

Diese Tendenz betrifft unmittelbar den Architekten, und sie ist dazu bestimmt, seine Objekte in vielfältiger Weise zu durchdringen.

Vorrang des Weges vor dem Orte des Aufenthalts

Zunächst einmal wird der Weg, in welchen Formen auch immer – nicht unbedingt die Straße –, eine ständig wachsende Rolle spielen. Die frühere Welt bestand aus Orten des Aufenthalts, die durch Kommunikation miteinander verbunden waren. Unsere Welt

Die architektonischen Möglichkeiten der offenen Architektur

wird aus Kommunikationen bestehen, die sich an bestimmten Punkten verknüpfen und dort die Festigkeit von Orten des Aufenthaltes annehmen. In Italien ist schon heute die Autobahn zum Hauptwerk des Bauens geworden und zu einem System architektonischer Beziehungen. Die Straßen von Beauce führen auf die Kathedrale von Chartre zu. Die Kirche von Michelucci in Florenz ist nichts denn ein Interpunktionszeichen an der Autostrada del Sole.

Verschmelzung von Wohnung und Verkehrsfläche

Während das bürgerliche Wohnhaus eine Menge sehr individualisierter Wohnräume anbot, die nur durch Türen, Flure oder Treppen miteinander verbunden waren, bevorzugt die Synergie räumliche Anordnungen, in denen man zugleich verweilt und wandert: bewohnte Wandelhallen, Wohnungen zum Durchwandern. Solches wird in pointierter Weise durch die Absichten von Virilio und Parent illustriert, die darauf zielen, diese »fonction oblique« selbst für Fußböden und Wände einzuführen; in der Villa Savoye war sie noch auf die Verbindungen zwischen den Geschossen beschränkt.

Verschmelzung der Architektur und des Möbels

Die klassische Welt war durch folgende Beziehungen der Objekte untereinander geregelt: Das Juwel war im Reliquienschrein untergebracht, der Reliquienschrein im Reliquienschrank, der Schrank im Zimmer, das Zimmer im Haus, das Haus in der Straße, die Straße in der Stadt, die Stadt in der Landschaft.
Eine Gesellschaft, die den Aufbewahrungsort heiligte deswegen, weil die aufbewahrten Güter selten waren, deren Ideologie vorgab, die Menschen miteinander zu verbinden, doch ihre Individualität zu schützen, eine solche Gesellschaft konnte nicht umhin, Behältnisse und Inhalte in eine Verpackung zu stecken.
Dagegen hat die Entweihung des Aufbewahrungsortes durch die Massenproduktion und vor allem durch die Entwicklung zu synergetischer Einstellung eine neue Ordnung der Sachen eingeleitet, welche die Bindung ans Behältnis durch die Bindung an die Operation ab-

löst, im besonderen an die wechselseitige Aktion, den
Aktionsaustausch. Wie für die Maschine, so wurde
auch für die Möbel das Ideal verlassen, sie hätten vollständig zu sein, geschlossen, saturiert. Statt dessen soll
nun ein Austausch unter den Möbeln sich eröffnen, ja,
sie sollen mit der Wohnung und den Verkehrsflächen
in Wechselbeziehung treten. Wohnung und Verkehrsflächen hören auf, Behältnisse des Möbels zu sein.
Statt dessen werden sie zu seinen Gesprächspartnern.
Bereits in der Villa Savoye wird das Möbel zur Verlän-
gerung der Wand, wird selber halbhohe Wand. Im
Livingground, wie ihn Virilio und Parent entworfen
haben, scheinen die Möbel aus dem Boden herauszu-
wachsen: Boden, der als Stuhl, als Tisch, als Regal
dient, Stühle, Tische, Regale, die als Boden dienen.
Die »fonction oblique« bildet Wand und Boden zu
Nischen aus, zu vorübergehenden Aufbewahrungs-
orten.

Das Verschwinden abschließender Dekoration

Eine Welt der Behältnisse und der Inhalte war gezwungen, dem besondere Bedeutung zu geben, durch
welches das Objekt in sich selber abgeschlossen wird.
Norberg-Schulz hat daran erinnert, daß es nicht so
sehr das Ziel der früheren Dekoration war, durch ver-
schönernden Zierat von den Realitäten abzulenken,
sondern sie herauszulösen und als einmalig herauszu-
stellen. Der Rahmen individualisierte die Tür, die
Bogenrundung das Portal, die Stuckleiste die Decke,
die Fassade das ganze Gebäude. Man muß sich darum
bemühen, die Feindlichkeit der Funktionalisten gegenüber der Dekoration richtig einzuschätzen. Sicherlich war es eine Art plötzlichen Erwachens zur Aufrich-
tigkeit, was sie veranlaßte, sich zu weigern, die neuen
Materialien, Beton und Stahl, unter Verkleidungen
falscher Schamhaftigkeit zu verbergen; aber auch den
Meistern des Bauhauses muß die übliche Dekoration
als eine abschließende Maßnahme erschienen sein, die
dem Geiste der Synergie widersprach. Denn es gibt
eine zeitgenössische Dekoration, die dazu beiträgt,
Architektur zu öffnen, die es erleichtert, sie zu durch-
schreiten, anstatt abschließend, verschließend zu wirken. Dazu gehört die Op-Art von Vasarely ebenso wie

Die abschließende Funktion
von Einzelnem gegen
Anderes wird aufgehoben,
die notwendigen
Abgrenzungen entstehen
durch wechselseitige
Rahmung

die angelsächsische Pop-Art, bei denen das Dekorative sich weit genug entmaterialisiert und sich genügend weit vorwagt, »abirrt«, um zu vermeiden, daß es auf sich selber hinweist und in sich selber verharrt.

Die Abschaffung der Form

»Die Abschaffung der Form« benutzt eine einengende Interpretation von Formen als eine aus der Abgeschlossenheit nur verständliche Figur. Die überreichliche Anwendung von Formen, das Ausschütten von Formen kann den geschlossenen Formeindruck ebenso aufheben wie ihre Nichtanwendung

Nach der Dekoration im früheren Sinne brachte der Funktionalismus die Form ins Wanken, Form, die sich als Figur von ihrem Untergrund ablöste, sich in sich selber verschloß und sich ihre Einzelteile unterwarf. So begriffen, hat die Form die klassische Welt in jeder Beziehung beherrscht, während die Synergie eine Organisation hervorruft, in der Einzelteile oder Gruppen davon – statt eine vorläufige Einheit aller Teile zu entfalten – eine Einigung einleiten, welche durch wechselseitige Aktionen ständig im Gange bleibt. Wir sprechen hier von funktionellen Elementen oder von Elementen, die in Funktion sich befinden. Dazu gehören die Organe unserer technischen Apparatur, ebenso aber die Facetten des kubistischen Bildes, die Noten der »Variationen«, op. 27, von Webern, die Glieder des menschlichen Körpers im »Sacre du Printemps« von Béjart (1. Fassung), das Wort in »Ulysses« von James Joyce, die mathematischen Tatsachen in der Gruppentheorie, die Systeme in der zeitgenössischen Physik.

Die Architektur ist nicht ausgenommen: In ihrer Gliederung und in ihrer Körperlichkeit mißtraut auch sie der Form. Sie weigert sich nicht, Abschlüsse zu haben, noch sich in einfachen Figuren auszudrücken, noch die Untergruppen zu Gruppen zu fügen. Aber sie verschmäht alles, was durch Feierlichkeit und axiale Ordnungen dazu führen könnte, daß sie sich ablöst von einem Untergrund, daß sie sich als eine fertige Einheit anböte, daß sie sich unmittelbare Herrschaft über die einzelnen Teile verschaffe. Im übrigen fordern die neuen Materialien und die neuen Strukturen, die selber synergetisch geworden sind, daß Architektur sich gleichermaßen orientierte. Weder Schalen noch Hängedächer, noch mehrdimensionale Stabkonstruktionen fördern den formalen Abschluß.

Das Verschwinden des Objekts

Sobald wir den Bogen noch weiter spannen, sehen wir, daß es nach der Form das Objekt ist, gegen welches Synergie sich richtet. Das Objekt ist, wie das Wort sagt, etwas, was Begegnung meint, etwas, auf das man hinzielt und vor dem man anhält. Nun weist aber die neue Umwelt die Verankerungen der früheren Welt zurück. Unsere Gebäude und unsere Geräte stellen sich uns nicht mehr entgegen, sondern erproben sich durch Interaktion, in die wir einbezogen sind. Die Architektur der Arbeitsstätten, der Erholungsstätten wird eher ergonomisch denn kontemplativ. Das Objekt rafft die Geste zu Substanz zusammen. Das moderne Werk mobilisiert Substanz zur Geste.

»Das Objekt rafft die Geste zur Substanz zusammen. Das moderne Werk mobilisiert Substanz zur Geste.«

Das Verschwinden der Emblemhaften

Jedenfalls ist das Emblemhafte, Folge des Gegenständlichen, derartig aus der heutigen Architektur verdrängt, daß es schwerfällt, uns mit Sedlmayer daran zu erinnern, welche Rolle es in der früheren Architektur gespielt hat, wo es sich weder auf die Funktion noch auf die Konstruktion, noch auf den plastischen Ausdruck beschränkte. Unabhängig von ihrer Orientierung und ihrer Wölbung bedeutete die Kuppel für die Byzantiner die Gegenwart des Himmels auf der Erde oder, noch konkreter, das Auge Gottes. Der Peristyl und der Tympanon schieden Öffentlichkeit von Privatheit. Der Turm drückte die Freiheit der Stadt aus. Jetzt sprechen der triumphale Turm des französischen Pavillons 1958 in Brüssel oder die kosmische Kuppel von Buckminster-Fuller in Montreal 1967 durch ihre Orientierung und ihre Wölbung und nicht durch eine vorgegebene Sprache, also nicht als Embleme. Das hängt zusammen mit dem Absterben der Mythen und mit dem Pluralismus der Werte. Mehr noch ist dies aber eine Folge der Synergie. Das Emblem kann nichts anderes als abschließen. Es ist dicht, ebenso in sich abgeschlossen, wie es das materielle Objekt ist. Es ist selbstverständlich, daß wir es zu den Akten legen zugunsten der Funktion.

Leichterwerden des Materials

Kenzo Tange beweist uns, daß die Architektur von

morgen nicht unbedingt leichten Materialien sich verschreiben muß. Das ist vielmehr eine Sache des Klimas, der örtlichen Materialien und der kulturellen Voraussetzungen. Dennoch ist kaum zu leugnen, daß die schweren massiven Gehäuse einer Welt der abschließenden Dekoration entsprechen, der Formen, der Objekte und der Embleme. Dagegen sind die leichten Raumumhüllungen, wie Candela, Sarger und Buckminster-Fuller sie verwandten, erkennbar offene Dispositionen, offenes Bauen. Wir gehen sogar weiter, indem wir uns nicht nur um transparente Raumtrennungen bemühen, sondern sogar um fast immaterielle, zum Beispiel solche aus Luftvorhängen. Zwar ist über solche Vorschläge noch nicht entschieden. Dennoch sind sie folgerichtig.

4. Die Dezentralisation der synergetischen Technik
Eine polyzentrische Architektur

»Aus dem Gedanken der Synergie folgt, daß sich Macht weder in linearer Struktur anordnen kann noch in konzentrischer, noch in pyramidenförmiger wie in der früheren Welt, sondern in einem Netz vielfältiger Zentren, in denen sich die Operationsfelder überlagern, in die Breite und in die Tiefe wirkend ...«

Aus dem Gedanken der Synergie folgt gleichfalls, daß sich Macht weder in linearer Struktur anordnen kann noch in konzentrischer, noch in pyramidenförmiger wie in der früheren Welt, sondern in einem Netz vielfältiger Zentren, in dem sich die Operationsfelder überlagern, in die Breite und in die Tiefe wirkend. Ebenso entsteht in der neuen Ordnung zugleich Konzentration und Dezentralisation in scheinbarem Widerspruch zueinander. Einerseits verlangt die Komplexität der Aktionen und der Informationen nach einer starken Hand, besonders, um in Forschung und in Wirtschaft Ziele abzustecken: Das in sich geschlossene feudale System ist daher unangemessen. Auf der anderen Seite verbietet die gleiche Komplexität, daß die Aktionsprogramme und Informationen zentralen Stellen zugeleitet werden, damit man sie dort ausarbeite, um sie dann zur Peripherie zurückzuschicken. Es ist vielmehr notwendig, Aktionen und Informationen unter Sicherung ihres Zusammenhanges soweit wie möglich am Ort oder in Zusammenarbeit mit verwandten zentralen Stellen zu behandeln. Das pyramidenförmige Machtschema der klassischen Zeit (Testament des Richelieu) ist daher unangemessen. So kommt es, daß unsere industriellen Imperien keine

Imperien sind. Nicht einmal Mächte, denen letzte Entscheidungen vorbehalten sind, konnten sich davon ausnehmen und Gipfelstellungen beziehen. Sie haben vielmehr die Aufgabe, allgemeine Dispositionen zu treffen. Sie dürfen weder Aktionen noch Informationen zu ihrem eigenen Vorteil ausnutzen. Solche allgemeinen Dispositionen haben das Ziel, allen am Austauschprozeß Teilnehmenden sich auf möglichst unmittelbare Weise untereinander auszutauschen. Soziologen, die versuchten, eine derartige neue Ordnung zu charakterisieren, mußten sich der Neologismen »Polyarchie«, »Polysynodie« bedienen, die im übrigen nicht ganz zufriedenstellend sind.

Der Polyzentrismus, der sich in allen modernen Werken widerspiegelt (schon in den Bildern von Degas, in der Musik von Stockhausen, in der Literatur von Robbe-Grillet, in der Choreographie von Robbine, in der Mathematik seit allgemeiner Einführung der Gruppentheorie und sogar in den Systemen der theoretischen Physik), bringt es ohne Zweifel mit sich, daß der Architekt von linearen oder konzentrischen Stadtsystemen nicht mehr viel erwarten darf. Ebensowenig darf er von »Dominanten« erwarten, dem Einfluß eines beherrschenden Gebäudes (sei es Kathedrale oder Palast) auf die Atmosphäre der Stadt, ebensowenig von der Fassade (alle Seiten der Villa Savoye verstehen sich als *gleichwertig*), ebensowenig von der Sicherheit, die die Symmetrie bietet (in der Villa Savoye verlangt die ungerade Zahl der Säulen, daß man um die mittlere herumgehen muß, um zur Türe zu gelangen, die dadurch ihre axiale Bestimmtheit verliert). Das alles war einmal großartiger Ausdruck griechischer und renaissancehafter Ordnung. Der Pavillon der Bundesrepublik in Montreal von Rolf Gutbrod und Frei Otto beleuchtet die neue Situation: Er setzt vielfältige Wandelhallen in Aktion, so wie seine fließenden Räume disponiert und seine Konstruktion konzipiert sind.

Die Bewohner

Bis hierher haben wir die zeitgenössische Architektur beschrieben, ohne uns mit ihrem Bewohner zu befassen. Es ist an der Zeit, sich zu fragen, ob er auf seine

Es fehlt an dieser Stelle ein Abschnitt, der das bisher Ausgeführte noch einmal zusammenfaßt unter dem Thema: Die umfassende Reorganisation durch die synergetische Technik.

Rechnung kommt. Nicht daß er wirklich in der Lage sei, eine derart zwingende Logik zu beeinflussen. Aber er könnte doch versuchen, sie zu bremsen oder doch wenigstens ihre Kraft abzulenken.

Frage 1:
Sichert die synergetische Architektur dem darin lebenden Bewohner das Gehäuse und die Wärme der Behausung, derer er bedarf?

Wie alle Säugetiere wird der Mensch in der Sicherheit des Mutterschoßes empfangen. Davon behält er eine unauslöschliche Erinnerung, wie die Psychoanalyse gezeigt hat. Welcher Art auch immer die schrittweisen Erweiterungen der Zeit und des Raumes sein mögen, auf die seine Existenz bezogen ist, so will er doch diese zugleich umfassende und allseitige Unterkunft bewahren.

Die erste Aufgabe der Architektur wäre demnach, vergrößerter Mutterschoß zu sein. Auf den ersten Blick scheint es aber, daß die Umwelt, die wir beschrieben haben, offen, dezentralisiert und in ständiger Reorganisation begriffen, solche Sicherheit nicht mehr bietet. Daraus ergeben sich drei Reaktionen:

a) Ohne das Zwingende der Synergie gegenüber der technischen Welt zu verneinen, möchte man ihm die Architektur entziehen, welche dann in einem Milieu allgemeiner Labilität einzig Gleichgewicht verbürgte. Wir haben aber gesehen, daß es kein Neben-dem-Netz gibt und daß Architektur auf Nach-Architektur beschränkt ist.

b) Es gibt auch Verteidiger einer mittleren Lösung, wonach in eine Architektur, welche in Bewegung sich befindet, Inseln der Dauer eingefügt würden: Raum im Gebäude, Haus im Stadtviertel, Stadtviertel in der Stadt und, warum nicht, Stadt in der Region. In der Tat ist es nicht unmöglich, im synergetischen Netz Reserven zu artikulieren, zum Beispiel Reserven der Natur, um die Künstlichkeit des Netzes auszugleichen, Reserven naiver Unordnung, um seinen unausweichlichen Zusammenhang zu kompensieren. Elmar Wertz hat mit Recht auf dem Kongreß über Ästhetik in Lüttich 1966 herausgestellt, daß Kinder und Erwachsene, soweit sie noch Eigenschaften des Kindes besitzen, einen Humus brauchen, eine Beinahe-Unordnung, in denen die Pflanze Mensch noch gedeihen kann. Dennoch dürfen nicht zwei einander fremde Architekturen sich gegenüberstehen, die dann den Bewohner zwischen sich hin und her zerren.

c) Ich selber frage mich, ob die heutige Umwelt nicht nach Umhüllungen neuer Art verlangt. Da alles um uns herum gezwungen ist, offen zu sein, beweglich und nicht endgültig festgelegt, da kodiert, also auf reine Elemente zurückführbar, könnte man glauben, daß derjenige, der in diesem System sich befindet, ohne Pause davon herumgestoßen und ihm ausgesetzt wird. Aber es könnte ebensogut sein, daß diese Kennzeichen, sobald sie ohne Kompromiß akzeptiert und damit in ihren Zusammenhang gestellt werden, neue Kräfte entwickeln können, darunter im besonderen eine Art des Erscheinens durch anderes hindurch, eine aktive Transparenz (parere trans) in Raum und Zeit, in der alle Erscheinungen einander bezeichnen, in denen das Hier uneingeschränkt auf das Dort und das Dort auf das Hier zurückstrahlt, nicht weniger, als sich in extremer Diskontinuität das Gefühl wiederfände, von überall erwartet zu werden und von überallher Antwort zu erhalten, welches wir vom Mutterschoß des Hauses und der Stadt mit Recht erhoffen und welches die früheren Baumeister durch Abschluß, durch Stabilität und alle Raffinessen des Endgültigen erreichten.

Frage 2:
Sichert synergetische Architektur Sammlung und Besinnlichkeit, derer die Person bedarf?

Bei uns war der Mensch seit den Griechen und vor allem seit der Renaissance durch seine substantielle Innerlichkeit gezwungen, eine Objekt-Architektur hervorzubringen, in deren Gegenwart er innere Sammlung und Stärkung fand. Die Synergie löst das Objekt auf und fördert solches Angebot nicht. Auch hier könnte man wiederum das zurückweisen, was unausweichlich ist, oder aber man könnte sich fragen, ob nicht ein anderer Typ von Mensch zur Entfaltung kommen wird. Im Gegensatz zur klassischen Welt, die aus Substantiellem bestand, das Beziehungen auslöste, leitet Wissenschaft, Technik und zeitgenössische Kunst eine Welt der Beziehungen ein, die an bestimmten Punkten und in bestimmten Augenblicken sich zu Substanzen verdichtet. Es ist daher nicht erstaunlich, daß wir selber nicht fertige Einheiten sind, sondern daß wir uns in einem ständigen Einheit-Werden befinden. Wir sind nicht mehr die mittelalterlichen Seelen, die vor der Welt Unterschlupf gefunden haben, oder die Leibnizschen Monaden, die Welten in sich sind, sondern wir sind Relationen der Welt und der Sprache. Statt uns den Dingen gegenüber zu definieren, müssen wir uns ihrer bemächtigen, auf die Privilegien der Privatheit verzichten, um zu einer Art teilnehmender und teilgebender, damit also halböffentlicher Intimität zu finden.

Halböffentliche Intimität = gegenseitige Verantwortlichkeit. Wird zu einer Frage der Erziehung, auch der ästhetischen

Wenn ein kurzer Rundblick über die Geisteswissenschaften gestattet ist und wenn man dabei die hervorragenden französischen Repräsentanten dieser Wissenschaften aus den letzten Jahren betrachtet – Lévi-Strauss, Lévinas, Lacan, Foucault, Derrida, das heißt die Vertreter des Strukturalismus, der Phänomenologie, der Psychoanalyse, der historischen Dialektik und der Linguistik in ihren neueren Formen –, dann sieht man, daß sie einig sind in der Meinung, das menschliche Wesen sei verfügbarer, ersetzbarer, der Mensch suche seine Innerlichkeit in der Bewegung der Sachen und der Zeichen.

Also wird er nicht am Ende außer Kraft gesetzt, wie Günther Anders es befürchtete. Er wird in keiner Weise überholt oder antiquiert sein, verglichen mit den Gegenständen, die jünger sind als er und gegenüber denen er prometheische Scham in sich trägt. Der Mensch wird lediglich das mit gewisser Verspätung tun, was das neue Ordnungssystem, seine Welt, seine Aktionen von ihm verlangen. Das aber zeigte sich schon an dem Tage, an dem die Blitzlichtaufnahme das Porträt ablöste.

Die Architektur als Politik

Wir haben gesehen, daß Einzelbauwerke nicht mehr zufriedenstellen. Zunächst schreibt sich das offene Gehäuse in die Architektur-Landschaft ein, von der es sich nicht ablösen kann. Dann verlangt das kodierte Bauen nach einem System der Normung, durch das alle gemeinschaftlichen Interessen mobilisiert werden. Auch »Operations Research« kann ohne staatliche Mittel nicht wirksam werden. Wir haben schließlich festgestellt, daß die Bewohner sich sozialisieren, sich bis zur Intimität in das Netz der Beziehungen einweben. Daher wird keine architektonische Arbeit ohne eine Politik der Raumordnung und Landesplanung Erfolg haben.

Die Architektur auf der Suche nach einer Politik

Welche Politik aber? Da es sich um Entscheidungen auf lange Sicht handelt, ist Anarchie verderblich. Für die globalen Entscheidungen setzt man auf eine starke Entscheidungsmacht, zugleich aber verlangt dezentralisierte Organisation das, was nicht von globalen Entscheidungen erfaßt werden kann. Das synergetische Netz ist ja an das Gelände gebunden und verlangt von sich aus nach Verbindung in allen Richtungen, die ebenso schnell wie vollständig sein soll. Man erinnere sich an die Betriebsorganisation, wie sie für bestimmte Spitzenindustrien beschrieben wurde. Das Beispiel trifft allerdings nicht ganz zu. Der Unterschied liegt darin, daß kommerzielle Unternehmungen ihre jeweiligen Entscheidungen in einfacher Weise mit der Wirtschaftlichkeit und der Rendite zu begründen vermögen, während auf dem Gebiet der Architektur Entscheidungen weder auf Gewinn noch auf bloßen Erfolgen basieren dürfen, die sich zum Beispiel in Kubikmetern umbauten Raumes ausdrücken, die pro Kopf der Bevölkerung zur Verfügung gestellt wurden. Ebensowenig kann selbst der Informationsfluß im geschaffenen baulichen Gebilde zur Grundlage von Entscheidungen herangezogen werden. Realität kann für uns nur sein, wie die Bewohner Raum-Zeit erleben. Entweder erfüllt sich darin das derzeitige Weltbild oder das im Entstehen begriffene. Die Wirksamkeit solcher Realität hängt davon ab, was Individuen und Gruppen existentiell auswählen und wie sie Stellung nehmen.
Daraus folgt, daß sowohl die höchsten Entscheidungsstellen wie auch die lokalen Institutionen Fakten, aber

auch immer neue Wünsche berücksichtigen müssen, die schwer vorauszusagen sind, weil die Wünschenden selbst nur schwerlich ihre Wünsche zu formulieren vermögen. Mit anderen Worten: eine Architekturpolitik verlangt nach wirksamen Mitteln, Wünsche und Absichten zu erfahren und zu strukturieren.

Es wäre vermessen, solche Mittel im voraus beschreiben zu wollen. Aber sie werden ohne Zweifel zu dem wichtigsten gehören, das politische Erfindungsgabe in den nächsten Jahren zu suchen hat.

Die Politik auf der Suche nach einer Architektur

Es wird allerdings wenig Chance bestehen, daß Architektur die Politiker in Bewegung setzt, wenn diese nicht bald selber sich zur Erkenntnis gezwungen sehen, daß in der angedeuteten Zusammenarbeit ihr Heil liegen könnte. Man weiß, wie sehr die politischen Themen des 19. Jahrhunderts (Reichtum und Armut, Klerikalismus und Antiklerikalismus usw.) verbraucht sind und wie sehr sie in den Ländern höheren Entwicklungsstandes auf Desinteresse stoßen.

Dagegen liefert die synergetische Architektur als Programm vielfältige Vorteile:

a) Sie betrifft die Bevölkerung in ihrer Gesamtheit.

b) Sie ist in der Lage, sich den Fähigkeiten und den Interessen eines jeden anzupassen.

c) Sie bietet unerschöpflichen Stoff, weil das Netzwerk in dem Maße, in dem es sich entwickelt, ständig neue Aufgaben liefert.

d) Sie erfaßt alle Dimensionen menschlichen Daseins, das Intime, das Öffentliche, das Faktische, das Ideologische, das Künstlerische usw.

e) Sie fördert diejenigen Vorstellungen von der Welt, die, statt sich auf sich selbst zu beziehen (wobei sie der Kontrolle entgleiten), auf Realem aufbauen und die dadurch einer Überprüfung zugänglich werden.

Synergetische Architektur – pädagogisches Thema

f) Da es kein öffentliches Bewußtsein ohne vorbereitende Unterrichtung gibt, ist schließlich die synergetische Architektur ein ausgezeichnetes pädagogisches Thema aus den gleichen Gründen, die sie zum politischen Thema macht: komplex und dennoch zugleich greifbar, bietet sie Lösungsmöglichkeiten in kleinen Schritten an, indem sie von empirischer Behandlung zu semantischer schreitet und vielleicht sogar zu höchster Kunst.

Mit Sicherheit kann man voraussagen, daß zwischen den beiden Elektroden: der Architektur und der Politik in den nächsten Jahren endlich der Funke überspringen wird, da die gegenseitige Anziehung trotz der Distanzen so sehr zunehmen wird.

Quellenverzeichnis

Alle Aufsätze sind so nachgedruckt, wie sie in ihren Quellen vorgefunden wurden. Die zum Teil altertümliche oder ungewöhnliche Schreibweise ist ebenso beibehalten worden wie die individuelle Interpunktion. Nur die Satzfehler aus den Quellen sind korrigiert.　M. S.

Teil I

1. Philosophie der Komposition. Von Edgar Allan Poe. Zitiert nach der deutschen Übertragung von Hedda und Arthur Moeller-Bruck in »Werke in 10 Bänden«, erschienen 1904 im C. C. Bruns Verlag, Minden. Einige Ergänzungen und winzige Veränderungen der Übersetzung wurden nach einem Vergleich mit der englischen Fassung (Standard Book Company) vom Herausgeber angefertigt. Die im Text angeführten Strophen des Gedichts »The Raven« aus dem Englischen wurden neu übersetzt von Marianne Uhl, Gadern-Odenwald. Das englische Gedicht »The Raven« in der Randspalte wurde vollständig nachgedruckt nach der Fassung in »The Works of Edgar Allan Poe, Volume V«, erschienen 1933 in der Standard Book Company Ltd. London and New York.
2. Der Begriff der Gestaltung, Formung. Von Paul Klee. Geschrieben 1921/1922. Zitiert nach den »Schriften zur Form- und Gestaltungslehre«, Bd. 2: »Das Bildnerische Denken«. Herausgegeben und bearbeitet von Jürgen Spiller. Erschienen 1956 im Verlag Benno Schwabe und Co, Basel-Stuttgart. Zitiert mit freundlicher Genehmigung des Verlags.
3. Die Freuden der Konstruktion. Von Paul Valéry. Zitiert aus: »Einführung in die Methode des Leonardo da Vinci«, deutsch von Karl August Horst, in dem Essayband »Leonardo«, erschienen 1960 im Inselverlag, Frankfurt.
4. Die Umwandlung der Sätze. Von Michael Butor. Teil des Kapitels: »Untersuchungen zur Technik des Romans, S. 76–77, in »repertoire 2« Probleme des Romans, deutsch von Helmut Scheffel, erschienen 1965 im Biederstein Verlag, München.
5. Das Entstehen des Baulichen Kunstwerks. Von Fritz Schumacher. Zitiert aus Teil II der Abhandlung: »Das Bauliche Gestalten« (Teil I: Das Erfassen des baulichen Kunstwerks) in: Architektonische Kompositionslehre, Kapitel 1 im Handbuch der Architektur Bd. 4/1, erschienen 1926 bei Gebhardt in Leipzig.
6. Ein Notationssystem für Stadtbildbeschreibung und Stadtbildentwurf. Von Johannes Uhl. Vortragsmanuskript für »The Design Activity, International Conference 1973« in London. Unveröffentlicht. Gedruckt mit Genehmigung des Autors.

Teil II

1. Das Problem der Form in der Bildenden Kunst. Von Adolf v. Hildebrand. Aus dem gleichnamigen Aufsatz, erstmals erschienen 1893. Zitiert nach der 10. Auflage, erschienen 1961 in den »Studien zur Deutschen Kunstgeschichte«, Bd. 325, in der Librairie Heitz Ltd., Baden-Baden. Gedruckt mit freundlicher Genehmigung der Valentin Koerner Verlags GmbH, Baden-Baden.
2. Das Problem der Form in der Bildenden Kunst. Von Karl Bühler. Teil 1 der Einleitung zu seinem Buch: »Die Gestaltwahrnehmungen«, erschienen 1913 im Verlag W. Spemann, Stuttgart. Nachdruck mit freundlicher Genehmigung des Verlags.

Teil III

1. Von der ästhetischen Größenschätzung. Von Friedrich Schiller. Geschrieben 1793. Zitiert aus den »Zerstreuten Bemerkungen über verschiedene ästhetische Gegenstände«, im 8. Bd. der von Ludwig Bellermann herausgegebenen Ausgabe von Schillers Werken. Erschienen 1895 im Bibliographischen Institut, Leipzig und Wien.

2. Einiges über die Bedeutung von Größenverhältnissen in der Architektur. Von Adolf v. Hildebrandt. Entnommen den »Gesammelten Aufsätzen« von Adolf v. Hildebrandt, erschienen 1909 in der Ed. Heitz (Heitz und Mündel) in Straßburg. Nachgedruckt mit freundlicher Genehmigung der Valentin Koerner Verlags GmbH in Baden-Baden.

Teil IV

1. Über Gestaltqualitäten. Von Christian von Ehrenfels. Kurzfassung seines 1890 erstmals erschienenen Aufsatzes: »Über Gestaltqualitäten«, von ihm selbst verfaßt und 1932 erschienen (Name der Zeitschrift unbekannt). Zitiert nach dem Sammelwerk »Gestalthaftes Sehen«, herausgegeben von Ferdinand Weinhandl, erschienen als Festschrift zum hundertjährigen Geburtstag von Christian von Ehrenfels 1960 in der Wissenschaftlichen Buchgesellschaft, Darmstadt. Zitate in der Randspalte aus dem ursprünglichen Aufsatz »Über Gestaltqualitäten« und aus den »Weiterführenden Bemerkungen«, 1922 in »Das Primzahlengesetz«. Zitiert nach dem oben angeführten Sammelwerk.

2. Gestaltwahrnehmung als Erkenntnisleistung. Von Konrad Lorenz. Auszug aus dem Aufsatz: Gestaltwahrnehmung als Quelle wissenschaftlicher Erkenntnis, zuerst erschienen in: »Zeitschrift für experimentelle und angewandte Psychologie IV, 1959, zitiert nach einem Sonderdruck, erschienen 1963 in der Reihe Libelli bei der Wissenschaftlichen Buchgesellschaft, Darmstadt.

3. Transformation als Schlüsselprinzip. Von Wilhelm Witte. Aufsatz, leicht gekürzt, zitiert nach dem Sammelwerk »Gestalthaftes Sehen«, vgl. IV. 1.

4. Höhe und Reinheit der Gestalt. Von Christian von Ehrenfels. Teil des Absatzes: »Kausalität, Raum und Zeit« in Kapitel IV: »Neue Gesichtspunkte« der »Kosmogonie«, erschienen 1916 im Verlag Eugen Diederichs, Jena. Gedruckt mit freundlicher Genehmigung des Verlags Eugen Diederichs, Frankfurt.

Teil V

1. Exakte Versuche im Bereich der Kunst. Von Paul Klee. Teil eines Aufsatzes, erstmals erschienen in »Bauhaus«, Vierteljahreszeitschrift für Gestaltung, 2. Jahrg. Nr. 2, Dessau 1928. Zitiert nach Paul Klee: Das Bildnerische Denken, vgl. Teil I, 1.

2. Einige mathematische Elemente der Kunst. Von David George Birkhoff. Einleitung zu dem gleichnamigen Vortrag, gehalten 1928 auf dem Mathematikerkongreß in Bologna. Zitiert in der autorisierten Übersetzung von Elisabeth Walther nach der deutschen Erstveröffentlichung in der edition rot, rot 34, herausgegeben von Elisabeth Walther, Max Bense, Stuttgart, mit freundlicher Genehmigung der Herausgeber.

3. Chaos, Struktur Gestalt – Abschließende makroästhetische Klassifikation. Von Max Bense. Abschnitt 7 aus: »Einführung in die informationstheoretische Ästhetik«, Textband 320, erschienen 1969 in der Reihe rde der Rowohlt Taschenbuch Verlag GmbH, Reinbek bei Hamburg. Abdruck mit freundlicher Genehmigung von Autor und Verlag.

4. Zeichenoperation. Von Elisabeth Walther. Vorabdruck eines Abschnitts aus dem Kapitel »Erweiterung der Basistheorie« in dem Buch »Allgemeine Zeichenlehre«, das 1974 in der Deutschen Verlagsanstalt, Stuttgart, erschienen ist. Vorabdruck mit freundlicher Genehmigung der Autorin und des Verlags.

Teil VI

1. Soziologische Ästhetik. Von Georg Simmel. Zweiter Teil einer dreiteiligen Aufsatzreihe, erstmals erschienen in »Die Zukunft« am 23. Oktober 1896. Zitiert in der leicht gekürzten Fassung aus der Essaysammlung »Brücke und Tür«, herausgegeben von Michael Landmann mit Margarete Susmann, erschienen 1957 im Verlag K. F. Köhler, Stuttgart.
2. Thesen zur Kunstsoziologie. Von Theodor W. Adorno. Abschnitte 3, 4, 5 und 7 aus einem Vortragsmanuskript, zuerst erschienen in »Kölner Zeitschrift für Soziologie und Sozialpsychologie, Heft 1, 1967, zitiert nach der Fassung in »Ohne Leitbild«, Parva Aesthetica, erschienen 1967 als Band 201 der edition suhrkamp im Suhrkamp Verlag, Frankfurt.
3. Synergetische Architektur. Von Henri van Lier. Aufsatz, in französischer Sprache 1968 zuerst erschienen als Heft 4 der Reihe »Cahiers du Centre d'Etudes Architecturales«, herausgegeben von Paul Mignot in Brüssel. In deutscher Übersetzung von Elmar Wertz zuerst erschienen in »Werk und Zeit« Heft 5, 1969, zitiert nach der Fassung in Bauwelt 37, 1969.

Bauwelt Fundamente

---

*vergriffen